茶之书

〔日〕冈仓天心 著

陈笑薇 译

ⓒⓈ 岳麓书社

目　录

火耀之地，弦歌不绝

《茶之书》讲的是东方式的审美与风雅，讲的是琴棋书画诗酒茶的茶。

二十世纪之初，作者冈仓天心站在东方人的立场，用英文写下一本"茶书"，主旨是让欧美人了解东方，他说东方并不是欧美人所认为与想象的那个样子。

著名学者萨义德批判了西方人基于优越感而形成的对东方的偏见与误读，他在《东方学》的开篇引述了马克思的一句话："他们不能再现自己，只能通过别人再现。"意思是东方没有能力管理好自己，只有接受了西方文明才能获得新生。在西方看来，东方是一个没有牛顿力学与达尔文进化论的世界，是愚昧与落后的地方，必须把东方整体纳入西方框架之下研究与改造，形成一种语言、一种标准的大同体系。

萨义德所批判的"东方学"，其核心就是东方文化如果要确立文化自我，必须在西方的框架之下。在更早的时候，所谓的东方学就已激怒了像冈仓天心这样有着东方文化自觉的人。他警告说，西方并不了解东方，东方不能一味地投入西方的怀抱。

我们今天之所以会被《茶之书》打动，也还是和这个主题有关。

在《茶之书》里，冈仓天心谈到了许多中国的事情，比如宋朝人对待茶的理念和唐朝人不一样，不仅如此，两个朝代的人，他们的生命观也不一样。宋朝人对生活充满了热情，涌现出很多诗人、思想家与生活家，创造了丰富的物质文明。斗茶艺术就是其中最引人入胜的，从皇帝大臣到黎民百姓，几乎席卷了所有人。

皇帝爱上喝茶后，忍不住要写茶文，这个人就是宋徽宗。他的《大观茶论》不得了，大家都抢着看。著名书法家蔡襄的《茶录》所讲的茶道艺术也风靡一时。

现在的许多茶馆，经常可以看到宋徽宗的《听琴图》。皇帝端坐在那里，为你弹琴。这幅画代表了中国人心中近乎梦幻一般的东西，皇帝以一个艺术家的身份与大臣、子民坐在一起交流分享。宋徽宗斗茶的时候也是这样，亲自操作，要与人比个高低。

在宋朝人看来，探寻生命的过程，本身就令人神往，而不是非要得出一个结果。重要的是在这个探索的过程中体悟到了生命，体悟到了美，而不是一定要得出一个结论。

过程被赋予了某种意义，饮茶也就不再只是一种消遣行为，而是一种自我实现的途径。

饮茶行为也同时被高度仪式化，择时、选景、挑人，时间不对不喝茶，景色不好不喝茶，人不对也不乐意喝茶。来的人也要将自己的才华悉数献上：焚香、挂画、弹琴、著棋、写字、作诗、分茶。

有一位僧人听说苏东坡要举办茶会，就赶了百余里路，沐浴更衣为他泡茶。苏东坡在诗中赞美了当时优雅的环境、分茶的姿势，也表达了谢意，感谢他为自己跑了几百里路。这就是古代人，走很远的路，花费很长的时间，就是为了那一杯茶。

现在有人反感仪式，认为很做作。这是很大的误会。仪式感最常见的场景就在学校，上课班长一喊起立，大家就齐刷刷地站起来，一起喊"老师好"，这就是仪式感。路上遇到熟人，我们会停下来，寒暄几句，这也是仪式感。在传统中国，仪式感非常重要，比教什么、学什么都重要，它体现了一种人际的规范与态度。

冈仓天心谈到，中国人对茶道丧失了信心，是因为被蒙古铁骑"摧残"了。之后到了明代，中国人把宋代的那套礼仪丢了，把抹茶法丢了，而是选取直接泡茶的淹茶泡法。到了清代就彻底丢掉了茶的礼仪。这一点我不太同意。

冈仓天心那个年代，有很强的危机感，他是以中华文明的继承者自居的，其实大部分日本人都是如此吧。他特别强调，日本人在抹茶的时候有个茶筅，看起来像一把刷子，这个工具在宋朝人分茶与日本抹茶中是一等一重要的茶具，但现在的中国人，几乎不认识。

冈仓天心还有个观点，认为日本的茶道和英国的下午茶很相仿，先生和女士的下午茶很优雅。中国茶东渐，在日本形成了茶道，被视为宋代文明的遗留，茶西传后，就形成了英国的下午茶。

但其实，日本茶道与英式下午茶这二者完全不一样，日本茶道注重仪式感，造景、着装、插花、器皿；英式下午茶虽然也讲究场地、器皿、环境，但更注重的是社交聊天。

我的看法是，日本茶道是武士茶，武士没有什么文化，茶道因而主要扮演宗教般的慰藉角色。过去武士出征打仗、上阵厮杀前都要喝杯茶。日本茶道大师千利休的大名，就是跟着将军南征北战当茶头打茶打出来的，能喝到千利休泡的茶是将领的福气。

英式下午茶首先是解放了妇女，让过去的围炉夜话变成了围壶茶话，大家既补充营养，又读书分享思想，与欧洲大陆的咖啡沙龙一脉相承，是绅士淑女茶。

而唐宋以来的中国茶道是文士茶，比的是琴棋书画诗酒茶。文士雅集，从魏晋以来一直盛行，再乱的年代也没有中断，这是中国人的文脉所在。中国没有武士阶层，日本没有文士阶层，这是要特别指出的。

现在中国茶会的情况，三种都有。既有文士茶，古琴尺八，又有武士茶，止语不说话，还有英式下午茶，叽叽喳喳。

第一次见弘益的尚高德老师，是在昆明赵益钢的大茗府，尚老师穿着宋代款式的衣服，带着全套的茶具，为我们表演宋代的点茶，很有气场。大茗府卖普洱茶为主，但茶品只是极少部分，这个空间里还有大量挂画，四千册书，四五把古琴，百余件紫陶，笔墨纸砚俱全，有人分茶，有人弹琴，有人写书法，有人点评，多年后我都记得这场相遇，可见这次茶会留下了多么深刻的印象。

冈仓天心忽视了一个问题，中国茶泡法除了点茶法，明清以来还形成了特有的"工夫茶"，陆羽在《茶经》里创造了喝茶的范式，"工夫茶"延续了这种有序与规范。工夫茶本身就是相对而言的新中式，它一直在发展，到现在全中国都在使用。

2014年前后，云南大部分茶山里的茶农都还在用罐罐喝茶，现在几乎都改喝工夫茶了，学会了用很烫手的盖碗泡茶。工夫茶的核心是茶水分离，强调茶每一泡的表现都不同，让品茗者在色香味形中充分领略茶的美感。

用什么样的泡法，往往取决于中国茶器的革新，自陆羽以来一直如此。

冈仓天心提到，100 年前的近代中国茶不过是一个美味的饮品而已，与人生理念毫无关系。中国人长久以来历经深重的苦难，已经不再探寻生命的意义了，他们变得暮气沉沉，注重实际，不再拥有崇高的境界，失去了唐代的浪漫色彩，宋代的礼仪也没有了，变得庸俗。

他的这番话现在也容易引发共情，每天忙得蝇营狗苟，忙着赚钱，连坐下来喝一杯茶的工夫都没有，想想不是很可悲吗？然而当下已是全球语境，幸而很多国人也在奋力重塑浪漫与礼仪，再造新的茶之道。

《茶之书》第一部分谈到人情之饮，日本人为了改造禅茶一味，说茶树是达摩累了，从眼皮里面长出来的，却不知那个时候中国早就有茶了，冈仓天心把茶史缩短了一大截。2021 年，山东大学考古队发现世界上最早的茶遗存，把中国饮茶史推至战国早期。

冈仓天心流传很广的一句话，"茶道的本质在于崇拜'残缺',因它怀抱着一种温柔的企图",这句话非常美。今天为什么很多人(欧美人、中国人)研学茶道,就是因为我们需要仪式感,需要这样的美感。

第二部分是茶的流派,第三部分是禅与茶,都是普及常识。第四部分讲茶室,怎样布置茶室。第五部分是艺术鉴赏。

我们渴望优雅,但要如何面对世俗的生活?

冈仓天心说的优雅,其实更像热爱。每天到茶室,先把茶室的每一个角落清理整齐,每个器皿洗得干干净净,与每一样物品都发生关系,不要怕烦,要学会欣赏。巴什拉也说过类似的话,清扫是门艺术。现在日本有5S管理,灵感就来自茶道。

春天喝茶是什么感觉,夏天又是怎样,四季带来的不同感觉都需要我们在艺术层面来回答。茶从一开始作为药饮植物,慢慢地变成了和儒释道相关的饮品,那是我们的认知行为导致的,陆羽说,茶有助于教化。

茶道培养了我们卓越的鉴赏力，让我们在这个过程中提升了精神境界。所以说，每个人的习惯和经历都会形成一种特定的认知模式。我们所有的行为都是为最终目的做铺垫的，茶也是，花草也是。

第六部分讲花道，他谈到我们该如何在花道中提升我们的鉴赏力。

第七部分讲茶人。茶道大师千利休之死，很多读者在读到这一部分时都哭了。丰臣秀吉把千利休赐死。千利休是一个至今还在日本文艺界很活跃的话题人物，他以身殉道，使茶道走向高峰。

冈仓天心的《茶之书》为什么那么火？因为观点刺激。一种优雅文化的消失刺激了东方也刺激了西方，告诉西方人我们曾经有很多好东西，我们才是文明人。西方国家的所谓优雅，不也是在下午茶里找到了文明的落脚点吗？

我们读《茶之书》其实很冒险，虽然文字优美，但我们也会不安，在东方美学看来，茶已经不是一种饮料而是一种东方文明，过去我们对这本书的褒贬就在这里。今日莫非只有日本人有茶道吗？

近百年来，中国绝大部分的知识分子确实不再是文士茶的继承者，这是很可悲的。

钱锺书一开始校注宋诗时，连"分茶"都不知道，他说日本茶道"东洋人弄的茶道太小家子气"，茶道就是喝叶子的沫子，钱锺书喜欢立顿牌的袋泡茶。梁实秋写《喝茶》，开篇就声明自己不善品茶，不懂《茶经》，不懂茶道，最后谈到工夫茶中的火炉距离七步，他很怕说错，小心翼翼。周作人有篇文章谈吃茶，说茶道就是忙里偷闲，苦中作乐。周作人是最早读过《茶之书》的人，但结论古怪，为什么中国没有茶道呢？因为中国人对道和禅没有深入了解，所以没有宗教一事阻碍了茶道的诞生，茶道是宗教的行为，所以中国人太世俗了。

孙机在1994年写过一篇文章，他说中国为什么没有日本茶道，是因为中国和日本历史背景不一样，对茶的看法不一样。他把中国茶理解成柴米油盐酱醋茶里的物质，把茶理解为一种物质，不把喝茶当作一个宗教行为。他还举例，茶神陆羽在唐代生意好的时候被人造像供奉，生意不好的时候被当成茶宠浇开水。茶神天天被浇开水，这在日本是绝不可能的，中国人实在太实际了。

晚清时期的钱锺书、周作人都留过学，但同期的冈仓天心用英文写《茶之书》宣扬茶道，铃木大拙向西方人宣扬禅宗，他们在西方掀起的"禅"与"茶"传播深远，乔布斯就是禅的信徒，苹果手机是东方美学的结晶。

但茶风雅的一面真的消失了吗？

作家扬之水却不这么看。她谈到我们今天的雅生活，琴棋书画诗酒茶不是从哪里冒出来的，而是我们中国人一直就有这样一种生活方式。我也深信如此。

1939年，古琴家查阜西为张充和拍了一张被无数人击节赞叹的照片，美好得让人心妒，这张照片后来成了张充和口述史《曲人鸿爪》的封面。

照片里的蒲团上，张充和旗袍麻鞋，浅笑晏晏，光彩明亮，那是一个无比舒适的姿势，显得懒散、自在，又满是写意。佛龛里的佛慈悲地看着，桌子上摆满了清供：鲜花、水果、木香与清茶。

桌子的四条支架，其实是四只汽油桶。

查阜西、张充和这些人逃难到昆明，但他们并没有因为上有空战而放弃生活，相反，他们在租借来的杨家大院里，做着他们喜欢的事：弹琴、唱戏、插花、写字、写诗、喝茶。

张充和在诗里说：

酒阑琴罢漫思家，小坐蒲团听落花。
一曲潇湘云水过，见龙新水宝红茶。

多年后，张充和远嫁美国，又重新抄写了这首送给查阜西的诗。她在美国的家里，始终挂着这张照片。1995年，充和老人重返昆明，到呈贡杨家大院故地重游，得知大院即将拆除，忍不住失声痛哭。那里承载了她的青春，她最美好的年华与记忆。

当年与充和唱和的除了查阜西，还有杨振声，还有梅贻琦，还有沈从文，还有冰心。

那年月，如果你看闻一多，会可怜这个连茶都喝不起的人。毕竟战斗机在天上轰鸣，再厉害的教授也要狼狈地跑警报。但终究还是有人为我们提供了生活的另一面。

一种优雅的、从未中断的生活。

张充和有过一位恋人叫郑颖孙，是位古琴家，泡茶技术了得。但他毕竟年长张充和二十来岁，于是有人劝张小姐，张充和说："他煮茗最好，我离开他将无茶可喝！"

在同一个时期，汪曾祺回忆，据他观察，跑警报期间有两人从不跑，一个为了痛快地冲个热水澡，另一个为了能独享开水房煮莲子羹。

热汤一碗，让人忘却生死。

近20年来，我参加过大小不下1000场雅集，最大的感受就是，这种风雅植根在国人的基因里，一点就燃。

茶道是我们人生的彼岸，是我们终其一生要达到的地方。

　　茶树困于水土，茶叶却流布全球，茶所点燃的精神之火，一直在尘世间燃烧。火耀之地，弦歌不绝。

周重林

第一章

碗中见人情

茶起初被用作药方，而后慢慢演变成了饮品。在八世纪的中国，茶是上流社会的风情雅趣，并因此步入了诗歌的殿堂。到了十五世纪，日本更是将其奉为一种美的宗教——茶道。即便是在日常生活的庸俗与污浊里，也潜藏着美。而茶道这一仪式，便植根于对这种美的崇拜。它谆谆教诲，带我们领略纯粹与和谐、人与人之间爱的微妙和神秘，以及从进退有度的社交规范中衍生出的浪漫主义。茶道的本质在于崇拜"残缺"，因它怀抱着一种温柔的企图——意欲在这不可圆满的人生里，去达成某种可能的圆满。

茶的哲学，绝不是通常所说的唯美主义这么简单。茶与伦理、宗教相连，蕴含着我们对人与自然的全部理解。它是卫生学，极度讲究清洁；它是经济学，不喜烦冗奢华，而是在简朴中予人慰藉；它亦是精神几何学，帮助我们感知宇宙万物的比例。茶道代表着东方民主主义的精髓，它使这条道路上所有的信徒，都成为品位上的贵族。

日本长期与世隔绝，这对我们的自省大有裨益，同时也促进了茶道的发展。我们的居所、习惯、衣着、饮食、陶瓷器、漆器、绘画，甚至文学，都深受茶道的影响。只要有心研究日本文化，你就一定会察觉茶无所不在。它渗透于贵族们幽雅的闺房，也走入贫贱百姓的栖息之所。于是，农夫学会了插花，乡野粗人也开始用心欣赏岩石与流水。如果一个人对人生戏剧中那些庄严又诙谐的趣味无动于衷，那么我们会说这个人"腹中无茶气"[1]。相反，那些对人世疾苦置若罔闻，只知一味纵情喧闹、野性难驯的唯美主义者，我们则会骂他"茶气太重"。

也许在旁观者的眼中，为茶这种无趣小事大动干戈[2]实在是很不可思议。他们会说，不过一杯茶而已，何至于闹成这样！可仔细想想，人生的享乐之杯本就如此狭小，一瞬间就能被眼泪溢满，能被因渴求无垠而无限愁苦的我们一口气就喝干饮尽。这么一想，真觉得怎样赞美茶都不为过。其实比起爱茶，人类的一些所作所为着实更为过分。比如狂热崇拜酒神巴克斯，毫不吝惜地对其大肆献祭，甚至还美化了战神玛尔斯的血腥形象。既然如此，我们何不将自己献身于山茶花女王，痛饮从她那祭坛上流淌下来的温情之流呢？体悟此道者，可从盛放于象牙白瓷器的液体琥珀里，品味到孔子深沉缄默的甘美、老子奇言讽刺的辛辣，以及释迦牟尼缥缈无尽的幽香。

如若不能意识到自身的伟大其实是如此渺小，便很容易忽略他人细小行为中的伟大。一般的西方人盲目自大，在他们眼中，东方人有着数以千百计稀奇古怪、天真幼稚的怪癖，而茶只不过是这些怪癖的又一个例子罢了。那些西方人，当日本沉浸在安宁和平的艺术中时，他们叫我们野蛮国；而当日本在日俄战争中大肆屠杀时，他们反倒称呼我们为文明国度。近来，武士道——这令我们的士兵欣喜狂热、奋勇献身的死之艺术被热烈讨论，却鲜少有人注意茶道。其实茶道，才是对生之艺术最丰富的阐释。如果只有通过血腥的战争得来的所谓"荣誉"才能使日本成为文明国度，那我们将欣然接受野蛮国的称号。我们将笑着等待，终有一天，我们的艺术和理想会得到应有的尊敬。

究竟何时西方人才能了解，不，是试着努力去了解东方呢？西方人时常发挥奇思妙想，编造一些关于我们亚洲人的荒唐事，让人听了冷不丁被吓一跳。说什么亚洲人不是靠吃蟑螂、老鼠过活，就是靠吸食莲花的香气为生。这真是荒谬的盲从，可耻的淫乐！印度的灵性被嘲讽为无知，中国的庄重被曲解为愚笨，日本的爱国心则被奚落为宿命论的结果。更有甚者，说亚洲人的神经组织已经麻木到感觉不到伤害和疼痛！

西方的诸位，请尽情取笑我们吧，亚洲必将悉数奉还。诸位要是知道，我们是如何想象和描述你们的话，一定会笑得更加开心。世间一切，因为遥远，所以变得越发神秘而浪漫；因为不可思议，是以让人不知不觉中抱有虔敬；因为崭新而看不分明，故而人们暗暗怀着无言的愤怒。一直以来，诸位身披的德行过于完美，令人艳羡非常；而身负的罪孽又过于丰富多彩，真可谓罄竹难书。从前，我国博学多才的文人们曾说道，诸位的楚楚衣冠之下，藏着毛发浓密的屁股，还常常煮食尚在襁褓的婴儿！不，这话已经算客气的了，还有更难听的呢，我们曾认为你们是世界上最没用的人种，因为你们总说些实现不了的大话。

不过，我们之间的误会很快就烟消云散了。商业的迅速发展，令许多东方港口不得不学习欧洲的语言。为了接受现代化教育，亚洲青年也逐渐聚集到了西方的大学。我们的眼界，也许无法探入西方文明的深层，但至少我们怀着满心的欢喜努力去学。我们中的一部分同胞，对诸位的习惯和礼仪推崇备至，他们误以为穿戴上僵直拘谨的衣领和高高的丝绸礼帽，就等于领悟了你们全部的文化，这真是可悲可叹！可由此也能清楚地看到，我们的确是跪着走向西方文明的。不幸的是，西方人并没有抱着试图去理解东方的态度，基督教的传教士来到东方，只是为了教授而非学习。诸位对我们的了解，不是听信了那些草草经过的旅行者的胡编乱造，就是看了一些我们浩瀚文献的糟糕翻译。点燃我们东方人的感情之火，并以此照亮东方文明未知之黑暗者实属罕见，挥舞侠义之笔的拉夫卡迪奥·赫恩[3]，以及《印度人生》[4]的作者便是其中少有的例子。

我说话丝毫不讲情面，或许正暴露了我茶道修为的浅薄。然而茶道的高贵精神，正在于诉众人之所求，其他无须多言。然而我倒并非要做什么高贵的茶道家，新旧两个世界间存在的误解，已经给我们带来了如此多的伤害，若有人能尽心竭力，促进东西方彼此之间的理解，当是大幸事一件，应无须怀有歉意。如果当初俄国能够纡尊降贵，认真了解日本，也许二十世纪初那场腥风血雨的战争就不会发生。由此可见，蔑视、无视东方问题，将会给人类造成多么惨痛的悲剧！欧洲帝国主义不知羞耻，不停叫嚣荒唐的"黄祸论"[5]，他们想不到，有一天，亚洲人也会意识到"白祸"[6]的恐怖。诸位嘲笑我们"茶气太重"，我们也会反过来嘲笑你们肚子里天生半点"茶气"也无。

东西两方为何不能停止冷嘲热讽？为了两个半球相互的利益着想，即便不能更明智些，也该放平心态，和气相对。虽然我们的发展各自殊途，但没有理由不取长补短。诸位以丧失内心的安宁为代价取得急速的扩张，而我们无力对抗侵略只因崇尚和谐安宁。你们相信吗？东方在某些方面的确胜过了西方！

让人意想不到的是，人情风土迥异的东西方，竟然因为一碗茶成了知交。亚洲的所有仪式中，唯有茶道能享受世界的尊敬。白人嘲笑我们的宗教，讥讽我们的道德，却唯独对这杯褐色的饮料爱不释手，喝起来没有半分迟疑。如今的西方社会，下午茶已经成了不可或缺的社交活动。在茶盘和茶托相碰的叮当妙音中，在殷勤款待的贵妇人们衣衫摩挲的沙沙柔声中，在轻声问询是否需要奶精砂糖的日常对话中，对茶的崇拜已然牢固建立了。等待自己的究竟会是何种滋味的茶？是微涩还是甘甜？客人在一种哲学式的达观中，平静地顺从着命运的安排。仅此一例，就足以看出东方精神的强大支配力。

据说欧洲有关茶叶的最早记录，来自一位阿拉伯旅行者。他在文章中写道，从公元八九四年起，广东最主要的财政收入来源正是盐茶税。马可·波罗也在游记中提到，在一二八五年，户部尚书因私自增收茶税而被罢官。不过欧洲人真正开始认识遥远的东方，还要等到地理大发现时代。十六世纪末，荷兰人带来了一则消息，说东方人用灌木叶子制成了一种无比甘美的饮料。旅行家乔凡尼·巴蒂斯塔·赖麦锡[7]、阿尔梅达[8]、马菲诺、塔莱拉[9]也分别于一五五九年、一五七六年、一五八八年和一六一○年谈及茶叶。就在一六一○年，荷兰东印度公司的船只首次将茶叶运到了欧洲。一六三六年，茶叶传到了法国。一六三八年，俄国人也喝到了茶。到了一六五○年，英国人欢呼雀跃地迎接茶叶的到来，并说道："这一无与伦比的中国饮料，所有医生都在夸它，中国人称其为'茶'，他国则命其名曰'tay'，抑或是'tee'。"

可是，就如同这世上所有美好事物的遭遇一样，茶的普及也遇到了阻碍。一六七八年，亨利·萨维[10]等异教徒宣称，喝茶是一种肮脏的习俗。乔纳斯·汉威[11]在其一七五六年发表的《论茶》中写道，男人喝茶会变得矮小丑陋，女人喝茶会让美貌尽失。起初，茶叶价格不菲（一磅合十五六先令）[12]，平民百姓无福消受，正所谓"王室飨宴之御用，王公贵族之佳礼"。可尽管如此，饮茶这一习惯还是以惊人的速度蔓延开来。十八世纪上半叶，伦敦的咖啡店事实上都变成了茶馆，成了艾迪生[13]和斯梯尔[14]这类大文人的好去处，他们都喜欢用一杯茶来消磨百无聊赖的时光。这种饮料很快成为生活必需品——亦即征税的对象，可以想见茶在近代历史上扮演了多么重要的角色。殖民地美国曾饱受压迫，在茶税的重压下，美国人终于不堪重负，揭竿而起。民众在波士顿港口怒沉茶箱[15]，由此打响了美国独立的第一枪。

茶的滋味微妙独特、难以言传，这使得人们很难抗拒它的魅力，并在不知不觉间将它理想化了。西方的风雅文人也深谙品茶之道，他们很懂得如何将馥郁的茶香融入自己芳醇的思想。茶不像葡萄酒那般傲慢无礼，不像咖啡一样自我中心，也不似可可，矫揉造作、故扮天真。早在一七一一年，《旁观者》[16]杂志便写道："我听说所有教养良好的家庭，都会在每天清晨，在清茶、面包和黄油中度过一小时的时光。而我也真诚地向这些家庭建议，只要您愿意，我们的刊物将每日准时送达您的手中，为早茶增添愉悦。"塞缪尔·约翰逊[17]曾这样描述自己的肖像："执迷不悟、没羞没臊的茶疯子，二十年来一日三餐，无不佐以这一杯醉人的灌木琼浆，以一杯清茶闲坐黄昏，慰藉夜深，笑迎清晨。"

专业茶人、茶道的狂热信徒查尔斯·兰姆[18]点明了茶道的真髓：暗行善事，却在不经意间为人所知，乃是人生最大的乐事。之所以这么说，是因为美的显露正在于隐藏。暗示为妙，明言便俗了。这正是茶道之三昧。茶道的高贵秘密，在于直面自我，平静却不乏深刻地轻声自嘲，这才是真正的幽默，是顿悟的莞尔笑意。从这个意义上来讲，一切深谙幽默之道的人，都能称得上茶之哲人，比如萨克雷[19]，当然也包括莎士比亚。而反对物质主义的"颓废派"[20]诗人（不过这世界何时不颓废呢），某种程度上也为茶道的发展开辟了道路。如今，也许庄重地凝视、深思"残缺"或"不完美"[21]，才能真正让东西方相知相慰。

　　道家说，在"无始之始"[22]，心灵与物质曾展开了一场不共戴天的死斗。最终，天上太阳的化身黄帝，战胜了地底黑暗的恶魔祝融。这巨人在垂死之际痛苦挣扎，把头撞向了天之穹顶，于是翡翠苍天为之破碎，星辰流离失所，明月在夜空残破的裂缝间无助彷徨。黄帝悲哀绝望，天上地下碧落黄泉，四处寻找能够补天之人。终于，东海的女皇，额生角、尾似龙的女娲，披着她光彩夺目的火焰铠甲出现在翻涌的海浪间。这位女神用不可思议的巨炉，烧出了五色虹霓，使得中华苍穹复又完好如初。可是，女娲漏掉了苍天上两个不起眼的小缝隙，于是，爱的阴阳二元诞生了。这两只精灵在空间中永恒流转，直到彼此相融，宇宙重获完整。人人都渴望重建自己希望与和平的天空。

　　因为到处充斥着财富权力的斗争，现代人性的天空已然濒临破碎，整个世界迷失在利己和庸俗的阴影之中。人们昧着良心获取知识，为了利益布施德行。东方与西方，如同两条翻滚在怒海惊涛中的巨龙，奋力地想要寻回人生中失去的宝石，却又徒劳无功。这荒芜颓废的世界正需要一位女娲来修补，我们翘首期盼着一位神明的出现。此刻，就让我们啜饮一口清茶吧。日光拂林竹，淙淙银泉音。茶釜闻汤沸，原是松籁声。何不做一场如雾如幻的美梦，徘徊沉醉在那些美丽的执迷之中。

注　释

1　日文为"茶気がない"，也可译为"没有茶道的修养"或"不懂风雅、不解风情"。（若无特殊说明，本书注释皆为译注。）

2　原文为"What a tempest in a tea-cup!"。这是一句谚语，直译是"茶杯里的风波"，指小题大做，大惊小怪。作者在此一语双关。

3　拉夫卡迪奥·赫恩（Lafcadio Hearn），小泉八云（1850–1904）的本名，出生于希腊，记者、作家、日本研究学者。于 1896 年加入日本国籍，取名"小泉八云"。代表作有《飞花落叶集》《怪谈》等。

4　《印度人生》（*The Web of India Life*），作者为爱尔兰社会活动家、作家、教育家妮薇迪塔修女（Sister Nivedita，1867–1911），她于 1898 年来到印度加尔各答，在此开设女校，并在 1899 年加尔各答流行鼠疫时照顾贫穷的患者。《印度人生》探讨了印度的生死观、种姓制度、女性社会地位等问题。

5　黄祸论，英文为"Yellow Peril"，是成形于 19 世纪的一种极端民族主义理论，宣扬黄种人的勃兴将威胁到白人，白人应联合起来对付黄种人等。

6　白祸，指白人对黄种人形成威胁。

7 乔凡尼·巴蒂斯塔·赖麦锡（Giovanni Batista Ramusio，1485–1557），意大利历史、地理学家，其著作《航海记集成》于 1559 年出版，是研究大航海时代的重要资料。此书第二卷中收录的《马可·波罗游记》，为该游记的重要版本之一。

8 阿尔梅达（Luís de Almeida，1525？–1583），即路易斯·德·阿尔梅达，葡萄牙商人、医生。曾在 1552 年以贸易目的来到日本，并往来于日本与中国澳门之间，赚取了不少财富。他还将西洋医学引进日本，因建立日本历史上第一家医院而闻名。

9 根据作者的原注，此处关于旅行家们的记述，引自保罗·克兰塞尔（Paul Kransel）于 1902 年在柏林发表的学位论文。

10 亨利·萨维，原文为"Henry Saville"，生平不详。

11 乔纳斯·汉威（Jonas Hanway，1712–1786），英国旅行家、慈善家。他是第一位撑伞的伦敦男人，也是著名的饮茶反对者。

12 1 磅约等于 0.4536 千克。先令，英国的旧货币单位，20 先令等于 1 英镑。

13 艾迪生（Joseph Addison，1672–1719），英国散文家、诗人、辉格党政治家，毕业并曾任教于牛津大学。作品有《战役》《卡托》等。

14 斯梯尔（Richard Steele，1672–1729），与艾迪生齐名的英国散文家，两人为挚友，曾一同就读于卡特公学并同时进入牛津大学，他们的名字常常一同出现在文学史中。

15 即波士顿倾茶事件。1773 年 12 月 16 日，为抗议英国对北美殖民地的压榨，波士顿青年组织"自由之子"打砸东印度公司三艘船只上的茶箱，将 342 箱茶叶悉数捣毁并倒入大海。

此事件成为美国独立战争的导火索。

16 《旁观者》(*The Spectator*)，创刊于 1711 年，每日出刊。主要登载一些随笔和故事，嘲讽社会中的错误行径，赞扬美德善行，并塑造了一些有名的文学形象。

17 塞缪尔·约翰逊（Samuel Johnson, 1709–1784），英国作家、文学评论家、诗人。于 1728 年进入牛津大学，但因贫困辍学。编撰《英语大辞典》《莎士比亚集》，著有长诗《伦敦》等。

18 查尔斯·兰姆（Charles Lamb, 1775–1834），英国散文家。受法国大革命影响，创办刊物，与封建保守势力斗争。著有《莎士比亚戏剧故事集》《伊利亚随笔》等。

19 萨克雷（William Makepeace Thackeray, 1811–1863），英国作家。与狄更斯齐名，为维多利亚时代的代表小说家，风格尖锐讽刺，幽默滑稽。其父亲任职于东印度公司。代表作有《名利场》《这是狄更斯》等。

20 颓废派又称颓废主义。19 世纪末，欧洲知识分子对基督教的价值观产生怀疑，对社会不满但又无力反抗，其苦闷颓废的情绪便反映在了文学作品中。颓废派奉行"艺术至上主义"，认为文学不应受道德、物质生活的束缚。颓废派的代表有波德莱尔、马拉梅、王尔德等。

21 东方美学、哲学的代表思想之一，正是对于"残缺"或"不完美"的欣赏。《老子》第四十五章中有"大成若缺，其用不弊"。日本古典《徒然草》亦有言："凡事以完满无缺为俗恶。未竟之事就此放置，不予求全，反倒妙趣横生，颇有生意。"（出自第八十二段）茶道等艺术中的侘寂理念亦是源于这种对"不完美"的崇尚。

22 "无始之始"一词，见于宋代林希逸的《庄子鬳斋口义》。《齐物论》中，庄子在谈论世界起源时曾言"有未始有始也者，有未始有夫未始有始也者"，"无始之始"意思与此相近，可理解为太初。

第二章

饮茶之法

茶是一种艺术品，它高贵的特质、极致的味道需要一位名家的妙手天成。茶有极品，也有下品，就像画有杰作、拙作之分，且大部分都是后者。点一杯好茶，并无什么独门秘法，这和提香[1]、雪村[2]提笔作画不循章法一样。每一次点茶都有它的个性，有对水和温度独特的亲和力，伴随着那些世代相传的记忆，传递着它特有的话语。真正的美必然长存于此间。艺术和人生的根本法则本就如此单纯，若始终不被社会理解，将是多么大的损失！宋代诗人李竹懒[3]曾感叹人世有三悲：好儿郎为庸师耽误，好画为拙眼贬低，好茶为凡手焙坏[4]。

与艺术一样，茶也分时代和流派。茶的发展大致经历了三个阶段：烹茶、点茶、泡茶[5]。现代的茶处于第三阶段。品茶的不同方式，体现着它所盛行的那个时代的精神。因为我们的整个人生就是一种表达，我们下意识的言行正是内心不间断的流露。孔子云："人焉廋哉？"[6]也许人确实没什么伟大之处可供隐藏，才会爱在生活琐事上拼命表现。日常茶饭之事，和翱翔于天际的哲学、诗歌并无不同，都是人类理想的写照。例如从钟爱何种葡萄酒上，就足以窥得欧洲各个时代、不同民众的差异。同样，各国对茶的不同理想，也反映出东方文化的多彩情调。煎煮茶饼、研磨茶粉、浸泡茶叶，清晰地描绘着中国唐、宋、明代的情感悸动。姑且借用一下大街小巷随处可见的艺术分类术语，将它们换作古典主义、浪漫主义、自然主义流派吧[7]。

中国南方生长的茶树，其植物学和药物学价值早就为人所熟知。古人称茶为荼、蔎、荈、槚、茗[8]，认为其可消除疲劳、清心提神、强健意志、清肝明目，因而倍加推崇。茶不仅可作为药剂内服，还能制成软膏外敷，用以缓解风湿疼痛。在道教徒眼中，茶是长生不老药的重要成分，佛教徒则在长时间静坐冥想时，用茶来抵御睡魔的侵袭。

公元四到五世纪，茶成为长江流域百姓的心头好。现在通行的表意文字"茶"字，正是诞生于这个时期。"茶"很明显是"荼"的误用[9]，南朝诗人曾留下一些断句残篇，写尽了他们对这种"翡翠琼浆"的狂热崇拜。若有大臣立了功，皇帝会赏赐他上等好茶。只是这一时期的饮茶方式仍旧十分原始。先蒸茶叶，之后将其倒入茶臼中捣碎，制成茶饼。饮用前要将茶饼炙烤、捣碎、碾磨、过筛，再投入茶釜之中烹煮。[10] 接着加入大米、生姜、盐、橙皮、香料、牛奶，甚至洋葱一起煮沸，然后饮用。藏族、蒙古人至今仍保留着这个习惯，他们把这些东西混合到一起制成一种神奇的"茶粥"[11]。因为俄国人是从蒙古统治者那里或者在中国的客栈里学会了饮茶，所以他们喝茶时会加入柠檬片，这正是中国

茶古老喝法 [12] 的残留。

是唐朝的天才们，将茶从原始粗野的状态中解放出来，令其逐渐走向完善。八世纪中叶，茶的第一位使徒诞生了。陆羽，生逢儒、释、道寻求融合共生的时代。在这一时期，人们受泛神论、象征主义风潮影响，渴望从"特殊"中洞见万物普遍的规律，从一花一叶中悟得宇宙众生。作为一位诗人，陆羽发觉茶中自有一种和谐与秩序，与冥冥中支配万物的"道"并无二致。他在那本著名的《茶经》（即茶道的《圣经》）中，立下了茶道的规矩和定式。自此，陆羽成为中国茶商的守护神，受世代景仰。

《茶经》分三卷，共十章。首卷讲述茶树的性质，次卷介绍采茶的器具，末卷谈如何选茶。谈及最好的茶叶时，《茶经》写道：好茶须"如胡人靴子上的皱纹，紧蹙收缩；如雄壮公牛咽喉下的垂皮，缠缠绕绕；如薄雾笼罩山间，层叠舒展；如微风掠过水面，粼粼波光，一闪而逝。又如大雨冲洗后的沃土，湿润柔软"。[13]

《茶经》第四章，列举了二十四种茶器，从三只脚的"风炉"，到盛放各式茶器的"都篮"，都逐一进行了介绍。从字里行间，可以窥得陆羽对道家象征主义风格的偏爱。此外，令人颇感有趣的是，从《茶经》中也能看出，茶深深影响了中国的陶瓷技艺。众所周知，中国的陶瓷，最初是为了模仿玉那微妙神秘的色泽而诞生的。终于，到了唐代，南方烧制出了青瓷，北方出现了白瓷[14]。不过陆羽认为，茶碗以青色为佳，因青色更能衬托茶汤之翠绿，而白色却使茶汤呈现浅红，观之令人失去胃口。这是由于当时陆羽使用的是茶饼。后来，宋朝的茶人用茶粉点茶，所以他们更钟爱近似黑色釉[15]的分量较沉的茶盏。而明朝流行泡饮法[16]，故明人喜爱轻巧的白瓷茶杯。

在第五章，陆羽描述了煮茶的方法。他将除盐以外的材料悉数去除，还对一直以来众说纷纭的择水之法、火候水温进行了详尽的说明。他认为，茶的用水以山泉为上，河川与泉水次之[17]。沸水分三个阶段，当水泡细小如鱼眼，在水面嬉游时，此为一沸；当气泡如水晶珠子一般翻腾泉涌之时，此为二沸；若茶釜之中波涛汹涌，气泡如大浪般此起彼伏时，此为三沸[18]。茶饼要用火炙烤，直到它如婴儿手臂般柔软，再用上好的纸片将其包裹，碾碎成粉末。水第一沸时放盐，第二沸时放入茶，第三沸时在茶釜中注入一勺冷水，以使茶沉静，让水恢复生气。这一系列步骤之后，便可将茶倒入碗中，尽情享用了。啊，这是神酒，是甘露！薄薄的叶片，恍若片片鳞云飘于晴空，姣姣睡莲卧于绿水[19]。唐代诗人卢仝写得妙："一碗喉吻润，二碗破孤闷。三碗搜枯肠，惟有文字五千卷。四碗发轻汗，平生不平事，尽向毛孔散。五碗肌骨清，六碗通仙灵。七碗吃不得也，唯觉两腋习习清风生。蓬莱山，在何处？玉川子乘此清风欲归去。"[20]

《茶经》余下的数章，分别记载了一般饮茶方法的粗俗之处、知名茶人的简要传记、中国著名的茶园、罕见独特的茶器以及一些茶具的插绘。不幸的是，最后一章已经散佚了。

《茶经》一经出世，便引起了不小的轰动。陆羽和唐代宗（七六二年至七七九年）[21]交好，其盛名吸引了不少人追随。当时还出现了一些高手，能够辨别出哪一碗茶出自陆羽之手，哪一碗出自他的徒弟。甚至有一位官爷，因为不懂得如何品鉴茶圣所煎之茶，其"有眼无珠"之名竟流传千古。

及至宋代，点茶盛行，这便是茶的第二种形态了。宋朝人会先用小石磨把茶叶研成细小的粉末放入茶盏中，接着倒入开水，再使用以开裂的竹子制成的精巧茶筅轻轻搅拌。这种崭新的喝茶方式，更新了陆羽时代的茶具，改变了选茶的方法，而盐也在茶的世界里永远消失了。宋朝人对茶的狂热还远远不止于此。茶人们使出浑身解数，竞相发明、展示新的喝法。为了评定他们茶艺的优劣，还会定期举办斗茶。徽宗皇帝 (一一〇一年至一一二四年) [22] 虽不是一位称职的君主，却堪称伟大的艺术家。他曾为珍稀茶种一掷千金，还御笔写下了一篇《茶论》[23]。这篇茶论列举了二十种茶，其中，徽宗认为数量最稀少而品质最上乘的当数白茶 [24]，故而对它极为推崇。

宋代人心目中理想的好茶，已完全不同于唐代，他们的人生观亦是如此。前人热衷于抽象的表现，宋人则更倾向于具体、写实的描摹。在宋代理学中，世界万物并不是宇宙法则的体现，世界万物本身就是宇宙法则。理学家们还认为，永恒即是瞬间——故涅槃就掌握在你我手中。可以看出，"万物一直处在变化之中，唯有变化才是永恒" 这一道家思想，已深深渗透到了理学的思考方式当中。真正有趣的是过程，而非成果；真正有意义的是去完成，而不是已完成。于是，人开始直面天地自然，生之艺术又生出了新的内涵。茶不再是风花雪月的享乐消遣，而成了一种自我观照的途径。王禹偁称颂茶"沃心同直谏，苦口类嘉言"[25]，苏东坡亦赞赏茶拥有纯净无瑕的力量，如同不被流俗所污的高洁君子[26]。佛教徒之中，深受道家学说影响的南宗禅，创立了一套极为精致隆重的茶道仪式。僧侣们聚集在达摩像前进行庄严肃穆的仪式，如同享用圣餐一般，只是为了轮流喝一碗茶。这一禅仪式逐渐发展，最终在十五世纪传到日本，形成了日本茶道。

不幸的是，十三世纪蒙古族异军突起，在元朝皇帝的野蛮统治下，中原地区遭到了掠夺与蹂躏，宋代文化遗产也被破坏殆尽[27]。十五世纪中叶，汉人建立的王朝——明朝力图实现民族复兴，但为内乱的局面所困。到了十七世纪，清军入关。至此，风俗习惯发生巨变，前朝的影子消失无踪，而点茶也全然被遗忘了。明代的一位训诂学者面对宋代古籍中提到的茶筅，竟然手足无措，完全不清楚它是什么模样。今天人们喝茶，是将茶叶放入茶壶或茶杯里，倒入热水泡着喝，这习惯正是明代泡饮茶法的延续。而西方世界之所以不了解中国茶的古老喝

47

法，是因为欧洲一直到明末才知道茶的存在。

对于现今的中国人而言，茶仍然滋味无穷，但不再是一种理想和追求了。这个国家经历了太多苦难，它曾经满腔热忱地探求人生的意义，而如今却像大梦初醒了——中国人步入了现代。那让诗人和古人永葆青春活力的天真幻想，已不再是它最崇高的信仰。它变成了一位折中主义者，恭顺有礼地接纳宇宙的一切法则。它与天地自然嬉游，不征服、凌驾于自然之上，也不臣服、屈从于自然之威慑。它的茶叶如鲜花般芳香馥郁，常令人赞不绝口，可它的杯中，再不复有唐风宋礼的浪漫。

日本一直亦步亦趋地追随中国文明的脚步，所以对于茶的三个发展阶段都有所了解。翻开史书就会发现，早在公元七二九年，圣武天皇[28]就于奈良的皇宫中将茶赐给了一百名僧人。茶叶可能是遣唐使带来的，采用了当时最为流行的煎茶法。公元八〇一年，僧人最澄怀揣茶种来到日本，将它们种在了叡山[29]。于是接下来的数百年间，这里诞生了许多著名的茶园，当时的贵族和僧侣皆对茶趋之若鹜。一一九一年，为修习南宗禅而前往中国的荣西禅师，又将宋茶引入日本。他将带回的新茶种种植在了三处，所幸每一处的栽培都获得了成功。其中京都附近的宇治，直至今日仍是闻名遐迩的茶都。南宗禅以惊人的速度传播开来，宋代的茶仪式和茶理念也随之风靡日本。十五世纪时，得益于足利义政[30]将军的大力扶植，茶礼仪日渐完善，它脱离了佛教的束缚，真正地走向世俗和民众，由此，日本茶道正式建立。而明代以后中国流行的泡茶，直到十七世纪中叶之后才为日本人所熟知，时间已经很接近现代了。虽然在今天的日常饮茶中，泡茶取代了点茶，但抹茶，依旧在日本享有茶中贵族的崇高地位。

正是在日本的茶道礼仪中，我们才真正见识到了茶理念的极致。一二八一年，日本成功抵挡住了蒙古族铁蹄的入侵[31]，这让因游牧民族入侵而不幸中断的中国宋代文化得以在日本延续。对于我们而言，茶不仅仅是一种理想的饮用方式，更是代表着生之艺术的宗教信仰。人们以茶之名，膜拜纯粹与典雅。在这场神圣的活动中，主人与客人齐心协力，共同成就了浮世间这一场无上的愉悦和心醉神迷。茶室，是荒芜沉闷的人生中的一片绿洲，疲倦的旅人得以相聚于此，一同痛饮艺术鉴赏的清泉。而茶会，就是一场由茶、花卉和绘画串联而成的即兴戏剧，无一处色彩破坏茶室的格调，无一丝声响干扰诸事的节奏，无一种姿态打破内在的和谐，更无一句言语妨碍环境的统一。一切行动简而又简，单纯自然，这才是品茶的目的。不可思议的是，这茶道的戏剧往往都获得了成功。因为它的背后，隐藏着极为深奥精微的哲理——茶道即是道家[32]思想的化身。

注 释

1　提香·韦切利奥（Tiziano Vecellio，1490？–1576），意大利文艺复兴后期威尼斯画派的代表画家。他才华横溢，被称为"群星中的太阳"。代表作有《圣母升天》《乌比诺的维纳斯》等。

2　雪村（1504—1589），字周继，16世纪日本室町时代末期的画僧。学习宋元画，擅长以佛道人物或老鹰为主题的山水花鸟画、人物画。代表作有《风涛图》《松鹰图》《竹林七贤图屏风》等。

3　李竹懒（1565–1635），即李日华，号竹懒，明代文学家、书画家。此处天心误记为宋代。

4　出自李日华《紫桃轩杂缀》，原文为："天下有好茶，为凡手焙坏。有好山水，为俗子妆点坏。有好子弟，为庸师教坏。真无可奈何耳。"

5　天心原文及日本茶史中表述为团茶、抹茶和煎茶，为便于理解，故作此改动。

6　出自《论语·为政》："子曰：'视其所以，观其所由，察其所安。人焉廋哉？人焉廋哉？'"意思是，要认识一个人，看清楚他的所为，看明白他做事的缘由，仔细观察他心安于何事，

51

志趣在何处，那么这个人便没什么可藏匿的了。"廋"为藏匿之意。

7　如果用一种相对形象的叙述来概括，也可以称作生长时期、成熟时期、转变时期。

8　唐代陆羽《茶经》中有云："其名一曰茶，二曰槚，三曰蔎，四曰茗，五曰荈。"

9　据南宋魏了翁《邛州先茶记》记载："茶之始，其字为荼……惟自陆羽《茶经》、卢仝《茶歌》、赵赞《茶禁》以后，则遂易荼为茶。"

10　此句为增译，为便于理解饮茶过程。

11　茶粥，原文为"syrup"，意为糖浆、果子露。

12　多指在边陲游牧地区的喝法。

13　出自《茶经》（卷上·三之造），原文为"茶有千万状，卤莽而言，如胡人靴者，蹙缩然；犎牛臆者，廉襜然；浮云出山者，轮囷然；轻飚拂水者，涵澹然；有如陶家之子，罗膏土以水澄泚之；又如新治地者，遇暴雨流潦之所经"，此处天心少引了"陶家之子"一句，但整体意思大致相同。

14　在唐代，由于广泛的交流兴起对银器的崇尚，加之地域和材料的区别，南北方出现了不同的瓷器。

15　蓝色或深褐色。

16　泡饮法，以沸水直接冲泡茶叶的饮茶方式。

17　原文出自《茶经》（卷上·五之煮）："其水，用山水上，江水中，井水下。"此处与原文略有不同。

18　出自《茶经》（卷上·五之煮）："其沸，如鱼目，微有声，为

52

一沸；缘边如涌泉连珠，为二沸；腾波鼓浪，为三沸。"

19 出自《茶经》（卷上·五之煮）："又如晴天爽朗，有浮云鳞然。其沫者，若绿钱浮于水渭。"

20 出自唐代卢仝《七碗茶诗》。

21 此处为唐代宗李豫的在位年。

22 此处是宋徽宗的在位时间。不过现今徽宗皇帝公认的在位时间是 1100 年至 1126 年。

23 《茶论》成书于大观元年（1107），故又名《大观茶论》。但此书并非列举了二十种茶，而是分别从"地产、天时、制造、盏、筅"等二十个方面来谈论茶。

24 据考证，有可能是极品的芽头白茶或者绿茶，和我们现今常说的白茶并不相同。

25 出自宋代诗人王禹偁的《茶园十二韵》。

26 苏轼在《寄周安孺茶》一诗中赞赏茶："有如刚耿性，不受纤芥触。又如廉夫心，难将微秽渎。"意思是茶具有刚直之性、清廉之心，不会被尘埃污浊所玷污。

27 元代注重海上贸易，在地方创立行省制度，修正宋史，景德镇青花瓷等手工业也十分发达，其统治者并非如作者所说，完全是野蛮的破坏者。不过战争、杀戮所造成的破坏，的确影响到了很多传统工艺。明代虽然恢复了汉人王朝的统治，但与唐宋时期相比，各个方面都发生了变化。这也是当代很多人完全不了解唐宋茶史的重要原因。

28 圣武天皇（701–756），日本第四十五代天皇，笃信佛教，在奈良建立东大寺，在全国建立国分寺。他在位期间，天平文化达到鼎盛。

29 即比睿山，位于京都府与滋贺县的交界处，自古以来作为信
仰之山而闻名。上有天台宗的总本山延历寺，而最澄（767–
822）便是日本天台宗的开山之祖。

30 足利义政（1449–1474），日本室町时代的武将，室町幕府
第八代征夷大将军，京都银阁寺的建造者，爱好宗教、艺术，
促进了日本东山文化的繁荣。

31 忽必烈夺取大汗之位后，加强对高丽的控制，同时欲征服日
本。蒙古分别于1274年和1281年与高丽组成联军，两次入
侵日本，其中第二次征战军队规模庞大，出动了约20万人。
但因遭到日本人的顽强抵抗，两次远征均以失败告终。

32 英文中不分道家与道教，均为"tao"或"taoism"。译者比
对了村冈博、浅野晃、桶谷秀昭等4种日译本，只有浅野晃
译为了"道家"，其余均为"道教"。然译者根据上下文意，
判断此处应为"道家"。

第三章

道与禅

世人常说禅茶一味，正如我前面所言，茶道的诞生源于禅礼仪的发展。而道家的始祖老子，也与茶的沿革有着千丝万缕的联系。

记录风俗习惯起源的中国教科书里有这样一段记载：老子的高徒关尹，在函谷关向这位"老哲人"敬奉了一碗金色的仙药。向客人奉茶的礼仪便由此而来。尽管探讨这类传说的真伪有助于我们了解早期道家饮茶的目的，然而更令人感到兴味盎然的，是那些融于茶道中的，与人生、艺术息息相关的道禅思想。

遗憾的是，用外语翻译道家和禅宗的教义甚为困难，令人激赏的尝试虽有一二，但至今尚无人能将它们诠释得淋漓尽致。

翻译即是背叛。正如明代一位作家所言，"翻也者，如翻锦绮"[1]——翻译至多只能展现锦绮之背面，虽丝线无异，但原有的色彩和匠心独运之处却已大大流失。说到底，那些精微幽深的教义，怎能三言两语就说清楚呢？古往今来的圣人，从不将自己的理论条分缕析、整理清晰，反而说起话来颠三倒四、自相矛盾。因为他们担心自己无法让世人了解真正的真理。他们开口谈论时犹如愚人，最终却能使听者茅塞顿开、醍醐灌顶。故而老子风趣地说道："下士闻道，大笑之。不笑不足以为道。"[2]

所谓"道"，顾名思义，为"路径"之意。人们对"道"一字的翻译可谓五花八门，如"道路"(the way)、"绝对"(the absolute)、"法则"(the law)、"自然"(nature)、"至理"(supreme reason)、"范式"(the mode)，等等。这些翻译都没错，道家中"道"的内涵，本就随着具体的问题而不断变化。对此老子也说道："有物混成，先天地生，寂兮寥兮，独立不改，周行而不殆，可以为天下母。吾不知其名，字之曰道，强为之名曰大。大曰逝，逝曰远，远曰反。"[3]

"道"与其说是"路径"，不如解释为"推移"。它是宇宙流转变化之精神，是永恒的生成——不断回归自身以孕育出新生。"道"就如同道家钟爱的龙图腾，其状盘回，如流云般翻涌腾卷而来，又舒展消散而去。我们姑且说它是"伟大的流转"吧。主观来说，"道"是宇宙天地之气，其"绝对"即是"相对"。

有一点必须首先加以说明。道家，与它的正统继承者禅宗一样，充分体现着中国南方思想的个人主义精神。这与中国北方思想的代表——儒家所体现的共同主义精神形成了鲜明的对比。中国——这一处于天下中心的王国，其国土之辽阔，相当于整个欧洲，而长江、黄河，就好比地中海和波罗的海。这两条伟大的河流贯穿中国，也由此形成了南北迥异的风情气质。即使到了今天，中国的统一已经绵延了数个世纪[4]，但中国南方人和他们的北方同胞，在思维方式和信仰上依旧存在着很大差异。这差异，就如同生活在南方的拉丁民族与北方的日耳曼民族。古代交通远远落后于现代，尤其是在封建社会，这种南北间的思维差异应该更为突出。南北方的诗歌、艺术，生长在不同的环境土壤下，沐浴着截然不同的氛围。老子和他的追随者，以及长江之畔的自然主义先驱诗人屈原，他们内心充满着理想主义的浪漫色彩。而同一时代的北方文人，却热衷于书写道德伦理的文章。顺便一提，老子生活的年代早了基督五个世纪。

老子，字老聃。其实，在这个绰号叫"长耳朵"[5]的老聃出现以前，道家思想的萌芽便早已萌发了。中国的古文献《易经》中已经孕育着老子思想的种子。只不过伴随着公元前十二世纪周王朝的建立，中国古代文明达到鼎盛，人们奉法律与习俗为圭臬，这在很长一段时间内阻碍了个人主义思想的发展。及至周王朝土崩瓦解，无数独立的王国建立起来，自由思想才得以空前绚烂地绽放。老子和庄子都是南方人，是新派思想的大力倡导者。而孔子和他的一众门生则相对保守，主张维护世代相传的旧制。不懂儒家，则无以理解道家，反之亦然。

我方才提到，道家里的"绝对"即是"相对"。道家痛骂社会法律和道德，正是因为在他们眼里，善恶正邪都是相对而言的。定义即局限，"固定""不变"即意味着发展的停滞。正如屈原所言："圣人能与世推移。"[6]道德规范是应社会过去的需要而生，可难道社会就得一成不变吗？固守社会传统，就意味着个体要不断为国家作出牺牲。教育为了维系这一荒谬的幻想，竟奖励起了无知。它不教导人什么是真正的德行，只教人如何知礼守分。然而实际上我们内心险恶，因为拥有着强烈的自我；我们心胸狭隘，因为我们清楚错不在他人而在自己；我们培育良心，因为害怕向他人吐露真实；我们将自尊心视为避风港，因为害怕向自己坦承真相。若世界如此荒唐，试问谁又能活得真实无欺呢？买卖精神无处不在，说什么名誉、贞节！看看那些贩卖"真""善"的商人吧，哪一个不是得意扬扬？甚至宗教信仰也可以买卖。宗教，说到底，不过就是装饰着鲜花和音乐的道德规范，并没什么可稀奇的。若把这些装饰都去掉，教会还能剩点什么呢？但不可思议的是，对它的信仰还是兴隆昌盛起来了，因为价格实在低廉——用一次祈祷就能换取通往天国的车票，凭一纸奖状就能成为荣誉市民。诸位，赶快把自己藏好吧，若是世人发现了你的才能，立刻就会把你放到拍卖会上，木槌一敲就卖给出价最高者。为何世间男女，都如此热衷于推销自己呢？这难道是奴隶时代遗留下来的本能？

道家思想的雄浑之力，不仅让它在后世掀起了一场又一场的思想运动，也令它傲视同时代的一众思想。秦朝，据说英文"China"正是来源于这个大一统的朝代，也是道家尤为活跃的一段时期。若时间允许，细数一下道家对当时的思想家、数学家、法家、兵家、术数家、炼丹术士，以及后来长江之畔的自然主义诗人们所带来的影响，也不失为一件乐事。当然不能忘了那些因白马色白、质坚，而怀疑白马是否真实存在[7]的名家，还有像禅门一样谈论"净""玄"的六朝清谈之士。我们对道家尤为尊敬，因为它塑造了中国人的性格，养成了他们温润如玉的谦和与风雅。在中国历史上，狂热的道家信徒上至王侯、下至隐士，均恪守他们的信条，取得了许多丰富多彩的成果，这样的例子屡见不鲜。道家传说带着它特有的道理和幽默，趣闻、寓言、警句随处可见。比如有位皇帝，快活似神仙，他未尝生故永不会死[8]。若能与这位皇帝畅谈，该是件多么愉快的事！当然也可与列子一同御风而行[9]，共尝寂静无为之味，因为我们自己便是清风。又或者，与河上公一起遨游于空中，因他不属于天，亦不属于地，故能浮游于天地之间[10]。纵使今天中国的道教已变得荒诞不经、徒有其名,其丰富雄奇的想象和比喻,依然让其他宗教望尘莫及。

不过,道家对亚洲人生活最大的贡献其实要数美学领域。一直以来,中国的史学家们称道家为"处世之术",因为道家关注的是现在——我们自身。正是在我们的内心,神与自然相冥合[11],过去与未来相分别。"现在"是不断推移的"无限",也是"相对"的合法活动范畴。"相对性"需要适应和调节,适应、调节即是处世之术。人生的艺术正在于不断地适应周遭的环境。与儒家、佛教不同,道家原原本本地接纳世间万物,并力图在世间的哀痛与忧愁中寻找美的踪迹。宋代"三圣尝醋"[12]的寓言,惟妙惟肖地展现了儒释道三家的思想特征:有一天,释迦牟尼、孔子和老子一同站在一只醋缸(寓意人生)前,分别用手指蘸了蘸醋尝味道。实事求是的孔子说醋是酸的,佛陀说这是苦的,老子却说是甜的。

道教徒认为,如果人人都能保持和谐与统一,人生的喜剧将更加有趣。尊重万事万物的平衡，给予他人空间的同时亦不失自己的立场，这便是演好尘世间这场戏的诀窍。为了完美呈现自己担任的角色，我们必须对整出戏了如指掌，切不可只考虑个人而忽视了整体。老子用他最钟爱的隐喻"虚无"，将此事描述得淋漓尽致。他认为，事物的本质正在于空虚之中。譬如房屋之所以能居住，是因为屋顶和墙壁围成了空间，而非得益于屋顶和墙壁本身。水罐之所以能盛水，是由于它的中间是虚空的，而无关乎其形状、材料[13]。虚无能包容万有，故无处不可当其用。唯有在虚无之中，万物才能活动自如。若一个人能够涵容若虚，那么万事万物都能在他的心胸自由来去，他便可以从容应对各种境况。而局部，往往需要听从整体的支配。

道家的"虚无"思想深深影响了日本的武术理论，甚至也包括剑术和相扑。日本的自卫术——柔术，它的名字正是取自《道德经》中的一篇[14]。柔术的关键就在于不正面对抗敌人，而是巧妙利用

"虚"的作用，来诱使对手发力，消耗他的力量，同时也能保留力气直至获得战斗最终的胜利。"虚"的法则在艺术领域也同样举足轻重，这一点可从"暗示"手法的妙用中充分领略到。言不尽，观者就被赋予了完成文意的机会。因此伟大的作品往往拥有夺魂摄魄的魅力，让人情不自禁地被吸引，直到自己仿佛也成为它的一部分。"虚"即是在待君进入，诱使你穷尽情思，从而令作品达到极致。

达到生命艺术极致境界的人，道家称为"真人"。他生时犹如进入一场梦中，如此死亡便可使他醒觉，体悟到真实。他和光同尘，"豫兮若冬涉川，犹兮若畏四邻。俨兮其若客，涣兮若冰之将释。敦兮其若朴，旷兮其若谷，浑兮其若浊"[15]。对于"真人"而言，人生三宝是慈、俭和不敢为天下先[16]。

现在，我们若把目光转向禅宗，便会发现它所强调的正是道家思想。禅这一名称起源于梵语"dhyana"，为"冥想"之意。它主张通过神圣的禅定，来达到自性理解的极致。禅定是悟入佛道的六种行持[17]之一。禅教徒坚称，释迦牟尼在其晚年的教义中尤为重视禅定的方法，并将它的法则传授给了自己的大弟子迦叶。据禅教徒所言，禅宗开祖迦叶将秘法传给阿难陀，再由阿难陀往下历代祖师不断传承，直到第二十八代祖师菩提达摩。菩提达摩于公元六世纪上半叶来到中国北方，成为中国禅宗的开山祖师。不过关于这些祖师的生平经历和教义，尚有很多地方有待考证。从哲学上来看，早期的禅宗一方面与龙树[18]的否定论[19]相似，另一方面也与高僧商羯罗的吠檀多不二论[20]相近。今天为我们所熟知的最早的禅宗教义，源自南禅始祖——六祖慧能（六三七年至七一三年）。之所以叫南禅，是因为此派在中国南方处于支配地位。紧接着慧能之后，又有伟大的马祖禅师（七八八年殁）继承其衣钵，让禅的感化力深深渗透进了中国人的生活。马祖禅师的弟子百丈（七一九年至八一四年）首创禅院[21]，为了便于管理，还制定了一套禅林清规。从马祖之后的禅宗问答来看，受长江流域精神文化的影响，中国本土的固有思维日渐凸显，不断侵蚀着古印度的理想主义思想。出于宗派的骄傲与自尊，自然有人对此表示反对。可无论如何，不得不承认南禅给人的印象，的确与老子思想及道家清谈十分相似。《道德经》里早已谈及凝神集中和适当调息吐纳的重要性，而这两点，正是修习禅定的关键。此外，《老子》的一些经典注释也是出自禅门学者之手[22]。

禅宗与道家类似，都十分崇尚"相对性"。一位禅师说道，禅宗是一门在南方的天空感知北斗星的艺术[23]——真理的获得往往来自对相反事物的了解。禅宗还非常强调个人主义，这一点也与道家如出一辙。他们主张"心外无物"，即除了我们的内心，世间没有一件事物是真实的。一天，六祖慧能遇见了两位僧人，他们正在驻足观看佛塔上于风中飘扬的旗幡。其中一位道："是风动。"另一位说："是幡动。"而慧能却解释道，不是风动，亦非幡动，而是你们心中的某样事物在动[24]。有一次，百丈怀海和弟子一同走在森林里，一只兔子察觉到他们靠近，立刻仓皇跑开了。怀海询问他的弟子：
"为何兔子飞快逃开你呢？"弟子答道："因为它畏
惧我。""不，"禅师道，"是因为你具有杀生之性。"
这则问答让人不由得想起道家的庄子。一天，庄子
同他的朋友走在河畔，庄子道："鱼在水中游得何
其自在！"他的朋友问道："你不是鱼，如何能知
道鱼儿自在？""你不是我，"庄子答道，"又怎知
我不知道鱼儿自在？"

禅宗常常与正统佛教的清规戒律相左，就如同
道家总是和儒家唱反调。禅家擅用直觉内观，因而
认为语言只会妨碍他们的思维。他们还认为佛典纵
然权威，也不过是对个人主观思想的注释罢了。禅
门中人力图与事物的内在本质直接交流融合，而那
些外在的附属物反而会阻碍他们对真理的确切体
悟。正是这种对于"绝对"的热爱，使得禅家更钟
情于黑白水墨画的素描，而非色彩精美的古典派佛
教绘画。因为禅宗力求从内在体悟佛性，无须借助
佛像或任何符号象征，故而他们中有些人甚至成为

偶像破坏者。在一个寒冷的冬日，丹霞和尚为了生火取暖，捣毁了一座木造佛像。旁边的人吓得不轻，大喊道："怎可如此亵渎神明！"和尚淡然回答："我想从灰中取舍利。"那人怒道："佛像中怎可取出舍利！"丹霞回应道："若我取不出来，这必是尊假佛，既然如此，又何来亵渎神明之说呢？"说罢背过身去，对着燃烧的火焰取起暖来[25]。

认可世俗的价值，把世俗生活与精神世界放在同等重要的位置，这是禅对于东洋思想的特殊贡献。禅家认为，万物间存在着绝对联系[26]，若从这一视角来看待事物，则大小之间并无区别，一粒原子，也蕴含着和宇宙相同的可能性。一个追寻完美的人，须得发现他自己生活中蕴藏、反映出来的光芒。从这一点来看，禅林组织的确有着非同一般的意义。禅院中除了住持以外，每个僧人都要负责一件照料寺院的活计。匪夷所思的是，新来的僧人被分配的任务往往比较轻松，反而越是德高望重、修行高深的僧人，干的越是粗活儿、累活儿。其实这也是禅宗修行的一部分，每一处细枝末节，都必须做到尽善尽美。因此，很多重要的禅问答都发生在庭院除草、芜菁切片、奉茶饮茶之间。禅宗的精神，正在于从最微不足道的人生小事里，体悟深刻卓越的道理。而茶道的全部理念正是来源于禅宗。道家为美之理念创下了根基，禅宗则将美变为了现实。

注 释

1 此段疑出自北宋僧人赞宁（919–1001）为翻译所下的定义，
原文为"翻也者，如翻锦绮，背面俱花，但其花有左右不同耳"。

2 出自《老子》第四十一章。

3 出自《老子》第二十五章。

4 《茶之书》最初于 1906 年在纽约出版。此处作者所说的数个
世纪的统一，也许单指清朝。

5 "聃"有"耳长而大"之意。见《说文·耳部》："聃，耳曼也。"
另外，"字老聃"的"字"在日文中除了表示文人的别号，还
有"诨号、绰号"之意，天心便借此双关语来打趣。

6 出自《楚辞·渔父》："圣人不凝滞于物，而能与世推移。"

7 见于公孙龙的《白马论》，其中提出了著名的诡辩学论题"白
马非马"。大意是说"马"是对形状的规定，而"白"规定的
是颜色。马可以有诸多颜色，并不一定是白色，故"白马非马"。

8 此处所说的未尝生亦未尝死的皇帝，不知出自何处。《庄子·至
乐》中有一段庄子遇见骷髅的故事，半夜骷髅入庄子之梦，
大谈死后之乐，无冻馁之苦也无贪生之累，简直快活如君王。
骷髅说，宁可享受这帝王之乐，也不愿意重生。这段故事与
此处文字的意趣有几分相似。

72

9　列子（约公元前 450－前 375），即列御寇，先秦天下十豪之一，
　　道家学派代表人物。列子御风的典故可谓耳熟能详，《庄子·逍
　　遥游》《列子·黄帝》等书中皆有所载。

10　出自葛洪《神仙传》卷八："须臾，公（河上公）即拊掌坐跃，
　　冉冉在空虚之中，去地百余尺，而止于虚空。良久，俯而答曰：
　　'余上不至天，中不累人，下不居地，何民之有焉？'"

11　柳宗元《始得西山宴游记》中有"心凝形释，与万化冥合"，
　　不知天心的话是否为此意。

12　"三圣尝醋"源于佛印邀请苏东坡、黄庭坚品尝桃花醋的故事，
　　这三人一同取醋而尝，同时皱眉曰酸。此事被画成《三酸图》，
　　广为流传。三位大家后被引申为佛、儒、道三种文化的代表，
　　也有《三酸图》的主人公是孔子、老子和释迦牟尼。

13　出自《老子》第十一章："埏埴以为器，当其无，有器之用。
　　凿户牖以为室，当其无，有室之用。"只是老子说的"埏埴"
　　是指将黏土放在模子里制作陶器，和天心所说的水罐稍有出
　　入。或许是天心有意想说得通俗易懂些。

14　"柔术"是江户时代以后才出现的名称。"柔术"之名的来源
　　尚有争议，或许与《老子》第三十六章的"柔弱胜刚强"有关。

15　出自《老子》第十五章。

16　出自《老子》第六十七章："夫我有三宝，持而保之。一曰慈，
　　二曰俭，三曰不敢为天下先。"

17　即六波罗蜜：布施、持戒、忍辱、精进、禅定、般若。

18　龙树，印度哲学家，生于公元 2 世纪，大乘佛教中的观派之祖。
　　他提出"空"的思想，被视为诸宗祖师（八宗之祖），世称龙

树菩萨。著有《中论》《大智度论》等。

19 根据浅野晃的解释，这里的否定论是指龙树的"八不论"。"八不"即不生、不灭、不去、不来、不一、不异、不断、不常，该论法的目的是打破"生、灭、去、来、一、异、断、常"这世人心中的八种迷妄。

20 商羯罗是公元 8 世纪的印度哲学家，吠檀多不二论的著名理论家。吠檀多不二论主要探究"梵"的问题，它认为"梵"是唯一绝对的实在，世界是"梵"的显现。现实世界的一切存在都是迷妄和假象，必须冲破无知昏昧（无明）才能获得真正的实在。

21 一般认为首创禅宗丛林（即寺院）的是马祖道一，史称"马祖建丛林，百丈立清规"。百丈即百丈怀海（约 720–814），马祖道一的法嗣。他制定百丈清规，对禅宗的发展做出了重大贡献。

22 譬如明代禅僧憨山德清（1546–1623）著有《道德经解》，后传至日本，在江户时代已被出版。日本室町、江户时代研究老庄的禅僧众多，如惟肖得岩、蒙山德异等。

23 《五灯会元》卷十五有载："问：'如何是佛法大意？' 师曰：'面南看北斗。'"

24 据《六祖坛经》记载："时有风吹幡动。一僧曰风动，一僧曰幡动。议论不已。慧能进曰：'非风动，非幡动，仁者心动。'"

25 即禅宗公案"丹霞烧佛"。出自宋朝道元《景德传灯录》第十四卷："唐元和中（丹霞）至洛京龙门香山，与伏牛和尚为莫逆之友。后于慧林寺遇天大寒。师取木佛焚之，人或讥之。

师曰：'吾烧取舍利。'人曰：'木头何有？'师曰：'若尔者何责我乎？'"

26 原文是"in the great relation of things there was no distinc-tion of small and great"，译者猜测此处的"绝对联系"主要是指万物间的同一性，从这个视角来看待事物的话，大小、贵贱、高低之间并无分别。

第四章

茶室

欧洲建筑师沐浴成长在岩石砖瓦的建筑传统中，故在他们眼里，用木材、竹子搭建而成的日式房屋，甚至都没资格被称作建筑。直到最近西方才出现了一位独具慧眼的建筑学家，对日本精美绝伦的大佛寺赞不绝口。至于茶室的建造与装饰原理，更是与西方迥然不同。连我们的经典建筑都遭到了如此冷遇，就更别指望那些门外汉能体味到茶室幽深精妙、难以言喻的美感了。

茶室（数寄屋[1]）本就只是一间小小的屋舍，无须多加装饰。我们称之为茅屋，可谓是名副其实了。

"数寄屋"原意为"雅趣之舍"，历来有很多茶道宗师，为了贴合他们的茶室理念，搜肠刮肚地寻找恰如其分的汉字作为名字。而"数寄屋"这个名字，还有"空舍"与"不对称之舍"[2] 的意思。称它为"雅趣之舍"，因它是为成全一时之雅兴而临时搭建的居所。称它为"空舍"，是因屋内的一应陈设，皆是为了满足此时此刻的美感需求，除此以外没有任何多余的装饰。而称之为"不对称之舍"，是因茶室作为"残缺崇拜"的献礼，故意留下了空白之处，好引得人自由施展想象去完成它们。自十六世纪以来，茶道理念对日本的建筑艺术影响深远，以至于到了今天，普通民居的内部装饰风格依旧极为简洁、素朴。这在外国人眼中，自然就显得十分平淡乏味了。

建造日本历史上第一间独立茶室的人是千宗易，亦即后来闻名天下的茶道集大成者——千利休[3]。十六世纪，在太阁秀吉[4] 的大力支持下，千利休制定了茶道的仪则规范，并使其日臻完善。此前，十五世纪知名的茶道宗师绍鸥[5]，已经规定了茶室建造的规格比例。早期的茶室原本只是客厅的一部分，每逢茶会之时，用屏风稍作隔挡，便成了茶室。这样的隔间叫作"围间"，如今凡是建在房屋内部的、非独立建筑物的茶室，依然沿用"围间"的叫法。"数寄屋"由茶室、水屋、待合、露地四个部分组成。茶室的设计遵循不得容纳五人以上的原则，这使人不禁联想到谚语"多于三美神，少于九缪斯"[6]。在上茶之前，主人会在准备间（水屋）清洗并备好一应茶具。而客人则在玄关（待合）等候主人招呼他们进入茶室。一道庭院小径，将待合与茶室相连接，这便是"露地"。在外观上，茶室看上去很不起眼，甚至比最小的日式房屋还要狭小。它使用的建筑材料，正是想予人一种清贫却高雅之感。不过要切记，整个茶室其实充满了艺术上的深思远虑，每一处细节的处理都颇具匠心，甚至比建造最华美的宫殿、佛寺还要费心。造一间精巧的茶室，其花费要远远超过一幢平常的宅邸。因为无论是建筑材料，还是工匠技艺，都需要经过千挑万选，容不得一点马虎。实际上，受雇于茶道宗师的工匠，在匠人之中自成一派，享有非常荣耀的地位。他们的作品都富含精致的巧思，比起那些漆器工匠的手艺也是有过之而无不及。

茶室不仅与各式西方建筑截然不同，也与日本自己的传统建筑大相径庭。日本现存的尊贵宏伟的古代建筑，无论是宗教还是俗家建筑，单看其规模，也是绝不容人小觑的。千百年来，仅有少数建筑能够幸免于大火而留存下来。它们富丽堂皇、极尽奢华的装饰，时至今日依旧让人心生敬畏，叹为观止。在倾斜的砖瓦屋顶的重压下，横梁嘎嘎吱吱地呻吟着。那粗壮高大的圆木柱，直径足有二三英尺[7]，高达三十英尺至四十英尺，通过精密繁复、纵横交错的斗拱支撑着横梁。它的材料和建筑样式，虽难以对抗火灾，却可能有效抵挡地震，且与日本的自然气候条件十分适宜。法隆寺的金堂[8]和药师寺的东塔[9]，就是最能体现日本木结构建筑坚固耐久的绝佳实例。它们历经近十二个世纪的岁月，几乎被完好无损地保存了下来。古代的寺院和宫殿，其内部装饰可谓极尽绮丽奢华之能事。就拿建于十世纪的宇治凤凰堂[10]来说，那精美绝伦的穹顶，色彩缤纷、镶满了镜子和珍珠母的镀金华盖，以及残留在墙上的壁画与雕塑，至今都仍旧清晰可见。后来还有日光[11]和京都的二条城[12]，其丰富绚丽的装饰色彩斑斓，每一处细节都精巧至极，足以媲美阿拉伯式或摩尔式建筑最辉煌的杰作。然而也正是因为这些华丽的装饰，才不得不牺牲掉建筑之美。

茶室之所以简洁、纯粹，皆因它是仿造禅院而建。与其他佛教宗派不同的是，禅院单纯是僧众居住落脚的地方。禅堂并非拜神或朝圣之处，而是弟子们聚在一起进行问答和禅修的"课堂"。佛坛后方的中央壁龛中，设有中国禅宗的开山祖师菩提达摩，或是释迦牟尼与随侍其侧的迦叶、阿难陀像。后两位便是禅宗的始祖。除此以外，禅堂中没有任何装饰。佛坛上只供奉鲜花和燃香，以纪念圣者们对禅宗做出的伟大贡献。我之前曾提到，禅僧开创了在达摩画像前轮流喝同一碗茶的仪式，这便是茶道的起源。在此我要补充一句，为了陶冶、启发宾客，在和式房间的重要位置——床间 [13] 内也摆放着绘画与鲜花。这一处正是模仿了禅堂佛坛的陈设。

在日本，每一位杰出的茶道宗师都是禅的门徒，他们力图将禅的精神融入现实生活当中。因此，茶室与其他茶道器具一样，也体现着诸多禅宗的教义。传统茶室为四张半榻榻米大小，合十平方英尺 [14]。这一尺寸来源于《维摩经》的一个段落。在这部妙趣横生的典籍中，维摩诘将文殊菩萨和八万四千名佛祖的弟子，迎进了这方丈大小的空间。此寓言意在揭示这一佛家理论——对于真正的得道之人，一切空间皆非真实存在。而"露地"，这一从"待合"通往茶室的庭园小径，则暗示着冥想的第一阶段——通往自我了解之路。"露地"的功用，在于隔断与外界的所有关联，让人只在这茶室之内，被唤醒新鲜的知觉感受，尽情享受审美的愉悦。步入常绿树的微暗树荫，脚下是参差错落却和谐有致的踏石，干爽如针的松叶铺散其上，花岗岩石灯笼上青苔丛生。曾经踏入这条庭园小径的人，一定不难回想起，彼时他的精神是如何从日常琐碎的思绪中解脱，获得洗涤与升华的。虽然身在都市中心，却有置身深林、远离文明尘埃与喧嚣之感。伟哉！茶人的奇智巧思，竟能创造出如此静寂纯净的氛围。而对于经过"露地"时应生出何种情思，不同的茶道宗匠，见解也不尽相同。有的人同千利休一般寻求真正的寂静，他们认为，修筑"露地"的奥秘就藏在下面这首古歌[15]当中：

极目望残阳，秋海茅屋瘦。

风翻红叶尽，花灭老树轻。

而小堀远州等人则追求另一种况味。据远州所言，庭院小径的构思来源于这样一句诗歌[16]：

薄暮隐白月，林深见海潮。

远州之意并不难猜测。他希望为新觉醒的灵魂树立一种姿态，使它徘徊在过去那如幻影般虚无缥缈的梦里，同时也沐浴在轻柔的灵光下、甘美的无我之境中，渴求着广袤浩瀚的彼岸中那纵横无尽的自由。

　　如是心灵已准备停当，客人静默地走进那一间神圣的屋舍。他若是一名武士，便会收起他的刀，放置在檐下的刀架之上，因为茶室是绝对的和平之所，容不得半点兵戈。接着客人将深深弯腰，从仅三英尺高的小门躬身跪行进入茶室。来人无论身份高低贵贱，都必须履行这一义务，这是在教导人要恭谨谦逊。在"待合"休憩时，客人们就已经商定好了茶席的座次，之后便依次进入房间，静静地坐到相应的座席上，且首先要向床间内摆放的绘画或插花躬身行礼表示敬意。当客人悉数坐定，茶室一片静谧，除了铁制茶釜中传来的沸水声，没有一丝声响打破室内的寂静，此时主人才进入茶室。茶釜鸣声悦耳，它之所以能吟唱出如此独特的旋律，是因为釜底有数片薄薄的铁片[17]。细细聆听，仿佛能听到云深雾浓处瀑布的激流，其声轰轰；又像遥远大海上拍岩的巨浪，其响哗哗。抑或是竹林间的风雨潇潇，远山上的松籁飒飒。

即便是白昼响晴，室内的光线仍旧十分柔和，因为倾斜的屋顶下，低矮的房檐阻挡了大部分的光线。从屋顶到地板，一切都呈现出温和素淡的色调。客人们事先也会有所留意，精心挑选颜色不甚显眼的衣服。岁月使每一件物品都染上了一种古朴的温柔。新器物一律不得使用，唯一例外的，是竹制长柄勺和麻布拭巾，它们清净无垢，洁白如新，是古朴茶室中的一抹亮色。无论茶室及其陈设看起来多么褪色陈旧，它们都是不染纤尘的。即便是最黑暗的角落，也绝对找不出一粒灰尘，否则这位主人便称不上一名茶人。成为茶人的首要条件之一，就是熟知如何打扫、清洁和刷洗，因为除尘和清扫也是一门艺术。一件古董金属器皿，清扫起来当然不能像荷兰主妇那般风风火火。从花瓶上落下的水滴，也无须擦拭掉，因它能让人联想起露水，从而心生清凉之意。

千利休就有一则逸事，它淋漓尽致地展现了茶人所持有的"清净"理念。儿子少庵清扫、冲洗露地时，千利休在一旁观看。待少庵打扫完毕，千利休说道："尚未干净。"他命令儿子再打扫一遍。一个小时过去了，筋疲力尽的少庵对千利休说道："父亲大人，已经没有什么可打扫的了，踏石足足冲洗了三遍，石灯笼和树木也都洒好了水，苔藓、地衣青翠碧绿，闪闪发光，地上连一根小树枝、一片小叶子都见不到。""真是个不开窍的小子，"宗师斥责道，"露地不是这样打扫的。"他边说边踏入庭院，抓住一棵树就摇晃起来。霎那之间，金黄的、绯红的落叶萧萧洒满了一地，庭院里铺上了一层秋日的锦缎。千利休所追求的，不单单是洁净，更是美和自然。

"雅趣之舍"这个名字，言下之意，是为了满足个人的艺术需求而创造的建筑。茶室是为了茶人而建，而非茶人从属于茶室。茶室也并非要留给子孙后世，故而它是短暂的、稍纵即逝的。由于日本民族的古老习俗，日本人认为每个人都应该拥有自己独立的居所。根据神道[18]的迷信规定，若一家之主离世，这家人必须全部搬走。或许这当中隐藏着某种不为人知的卫生上的缘由。还有一项古老的习俗，即新婚夫妇必须住进新建的房子。受这些习俗影响，古代日本的都城被一迁再迁。供奉太阳女神的最高神殿——伊势神宫[19]，仍然保留着每隔二十年就要重建一次的传统，这也是古老仪式传承至今的其中一例。这项习俗的延续，也只有在某类特定的建筑形式，譬如日本这种易拆除、易建造的木结构建筑上才能得以实现。如若当初使用了耐久性更为优良的砖瓦、石头材料，那估计是没法迁移了。事实上，奈良时代以后日本学习中国，采用起更为厚重稳固的木结构建筑形式，自此之后，迁都也就极少发生了。

然而到了十五世纪，禅宗的个性主义思想占据主导地位，古老的信仰与茶室相碰撞，便又产生了更为深远的意义。佛教奉行诸行无常之理，主张精神支配物质，禅宗遵循佛教的教理，认为屋舍只是肉身的暂居之所。我们的肉体，就像是无边旷野上的一间破屋，一间由四周生长的野草打结捆扎搭建而成、在风雨中飘摇的避难所。待到草结松开，束缚消失，它们又将重新回归到原本的荒野之中。而茶室，其茅草屋顶暗示着短暂无常，纤细的支柱意味着脆弱易逝，竹子支杆代表着轻微纤巧。使用的材料随处可见，正流露出了一种无所滞碍的随性。永恒与常住，只在简单朴素的环境中，在以风雅[20]之幽光令这些至简之物焕发出美感的精神之中，才能得以彰显。

建造茶室须依循个人的审美情趣，这一点是对艺术生命力原则的实践和坚持。艺术，若想经得住千百般的赏玩品味，就必须忠实于现下的生活。这并不是要忽视后代的需求，而是说应当努力尽情地享受当下；这也并不是要无视过去的创作，而是说应尽力把它们融入到我们举手投足的自然、自觉当中。向传统和陈规卑躬屈膝，只会牢牢束缚建筑艺术的个性表达。现代日本的那些建筑，不过是照着西洋建筑依葫芦画瓢造出来的蠢笨仿品，真是可悲又可叹。令人诧异的是，西方诸国明明最为先进，然其建筑竟是如此地缺乏创意，建筑式样翻来覆去都是老一套。或许我们正在经历一个艺术上的民主时代，与此同时，又翘首企盼能出现一位帝王般的建筑巨匠来建立一个新的王朝。唯愿我们能对古人多怀敬慕之心，少行抄袭之举！人们说，希腊之所以伟大，正是因为他们从不模仿过去。

称茶室为"空舍"，因其中暗含着道家"包容万有"的道理，也是由于装饰主题、基调必须不断变化这一精神理念。茶室须得完全"虚空"，除了为满足一时雅兴而暂时摆放的物品以外，不可多置一物。若是偶然带入了一件特别的艺术品，那么其他所有的陈设都要精心挑选、搭配，以凸显主体的美感。就好比一个人无法同时聆听不同的音乐，若想真正地理解美，只有将注意力集中在一个中心主题之上。正因如此，日本茶室的装饰方法与西方的装潢方式大相径庭——西方人动辄就把家里变成一个博物馆。在习惯了简洁的装点、不断变换装饰方案的日本人眼里，西方那永远充斥着一排排绘画、雕塑和古董的厅室，只不过是在俗不可耐地炫耀富有。即便只是一幅大师杰作，若想一直不停地凝视、欣赏，也需要有超凡深刻的鉴赏力。想来，那些日复一日身在混杂着各种形状、色彩的欧美房子里还能云淡风轻的人，他们对于艺术的感受力一定相当深不可测吧！

至于茶室（数寄屋）"不对称之舍"的内涵，其实这里暗藏了日本装饰设计的又一个特点。日本的艺术品缺乏对称性，这一点也是不断为西方评论家们所关注议论的。这种非对称性，依旧是通过禅宗间接发挥作用的道家理想的产物。在儒家思想中，"二元论"观念根深蒂固，而北传佛教则奉行三尊崇拜[21]，这些都未与对称的表现方式背道而驰。事实上，我们如果稍微研究一下中国古代的青铜器，或者唐代、奈良时代的宗教美术品，就一定会发现它们对于对称美的执着追求。从布局设计上来看，日本的古典室内装饰也是极为对称工整的。然而，道家和禅宗所认定的"完美"却与此截然不同。道禅两家所主张的动态、变化的哲学思想，使得他们更注重追求完美的过程，而非完美本身。只有在自己的内心世界将不完美化为完美的人，才能发现真正的美。生命与艺术的强韧之处，正在于它们拥有诸多生长的可能。茶室将发挥想象的自由交还给每一位客人，由他们亲自去完成茶室的整体效果，并且在此过程中将自己也变为茶室的一部分。自从禅宗思想成为世间的主流，远东艺术就开始有意识地回避"对称"，因为它不仅意味着圆满，还代表了重复。千篇一律、毫无新意的构思对于新颖旺盛的想象而言简直是最为致命的打击。于是，山水、花鸟成了最受欢迎的描摹题材，而人物题材却不甚受青睐，因为观者总会在人物中看到自己。我们常常过分显耀自我，尽管我们的虚荣心甚至是自尊心，也都如此地单调乏味。

在茶室里，处处都能感受到主人对于"重复"的刻意回避。房间内各式各样的装饰品必须精挑细选，以保证无一种色彩、无一处设计是重复的。若已经放置了插花，便不能再出现花卉的画作。若使用的茶釜是圆形的，那么水壶[22]就得是有边有角的。若要选用黑釉茶碗，便不得搭配黑漆茶罐[23]。而在床间内放置花瓶和香炉时，切记不可放在正中央，这会将整个空间均匀二等分。为了拂去屋舍内任何可能造成单调重复的元素，连床间柱子的木材[24]，也异于屋内的其他柱子。

日本的这种室内装饰风格，与西方可谓大相异趣。西方家庭无论是壁炉台还是其他装饰，一律遵循对称摆放的原则。在西方人的房子里，我们时常会遭遇一些事物，它们老是毫无意义地反复出现。若是你正在与一位男士交谈，而此刻这位男士的全身肖像画就在他的背后直勾勾地盯着你，你不禁会想，这画中人与同你说话的人，哪一个才是真的？渐渐地，你心里涌起一种不可思议的确信——他们中一定有一个是赝品。不知有多少次，我们坐在热闹丰盛的餐桌前，却不得不举目凝望餐厅墙面上那令人眼花缭乱的绘画和雕刻，以至于消化不良。为何要在此处放上游猎战利品的绘画，以及繁复精致的游鱼与水果的雕刻？为何要大肆展示祖传的餐具器皿，难道是为了让我们记起，有哪一位已经撒手人寰的祖宗也曾在此用餐？

简洁素朴、不染尘俗，这使得茶室真正成为远离外界纷扰的庇护所。在且只在彼处，人们才能凝神静思，尽情投身于对美的崇拜而不被打扰。十六世纪，那些勇猛的武士和家臣在忙着统一和重建日本之余，茶室便是他们最为钟爱的休憩之所。到了十七世纪，德川幕府建立起严格的形式主义管制[25]，唯有在茶室，人们才能获得与艺术精神自由交流的机会。在伟大的艺术品面前，任你是大名[26]、武士还是平民百姓，人人皆为平等。如今，工业主义正在使整个世界日益远离真正的风雅之美。与过去相比，今天的我们不是更加需要茶室吗？

注　释

1　数寄屋是茶室的一种形态，也可以代称茶室。但茶室并不只以数寄屋的唯一形态存在，茶室也会建在宫殿内、城堡内、武士商人住宅内，后期千利休设计的茶室是比数寄屋更加简朴、狭小的草庵形态。在融合了当代艺术思潮的今天，又出现了很多以茶道精神为基础的现代茶室设计。数寄屋本身也被作为一种日本建筑的特色形式，在兼顾茶室功能的前提下逐步发展演变，现今已经成为日本住宅建筑的一种形式，称为数寄屋造。

2　原文为"The Abode of the Unsymmetrical"，"unsymmetrical"为不对称、不匀称之意。由后文可知，茶室在设计时会故意留白，且一应陈设忌讳重复与对称。

3　千利休（1522–1591），法名宗易，日本安土桃山时代的商人、茶人。千家流茶道的开创者，世称"茶圣"。师从武野绍鸥学习"寂茶"，最终成为此道的集大成者。仕于织田信长、丰臣秀吉，后因与秀吉关系不和，被下令剖腹自杀。

4　即丰臣秀吉（1536–1598），日本战国时代至安土桃山时代的武将、大名。继织田信长之后统一全国，为江户时代的封建社会奠定了基础。关于"太阁"，在日本古代，关白（相当于

97

丞相）在辞官或将位传给子辈之后，就成了"太阁"。后特指丰臣秀吉。

5 即武野绍鸥（1502–1555），日本战国时代的豪商、茶人，在茶道中追求枯寒闲寂的意境，对后来的千利休等人产生了很大的影响。

6 原文为"More than the Graces and less than the Muses"。这段话出自古罗马学者、政治家瓦罗（Marcus Terentius Varro，公元前 116–前 27），英文原话为"The number of guests at dinner should not be less than the number of the Graces or exceed that of the Muses, i.e., it should begin with three and stop at nine"。意思是，晚餐客人的人数不得少于美神，也不得超过缪斯神，即应在 3 人到 9 人之间。

7 1 英尺约为 0.3048 米。

8 法隆寺位于日本奈良县斑鸠町，建于 7 世纪，是日本最著名的寺院之一。以金堂、五重塔为中心的西院伽蓝为世界上现存最古老的木结构建筑群。

9 药师寺位于奈良市，始建于 7 世纪末。东塔是寺内唯一一座完好保存至今的建筑，为日本国宝。

10 凤凰堂是位于京都府宇治市的寺院——平等院的阿弥陀堂，建于 11 世纪（1053 年）。

11 此处应是指日光东照宫，是一座位于日本栃木县日光市的神社，也是德川家康之墓，始建于 1617 年。建筑风格正如其名，雕梁画栋、华丽绚烂，宛如日光东照。

12 二条城又名二条御所，位于京都市中京区。德川家康为了保

98

护皇城，也为了族人造访京都时能有休憩之所，于 1603 年建成了现在的二条城。

13 日式房间里专门挂画、放花的一块小地方，地板比房内其他地方略高，构造类似壁龛形态。

14 1 张榻榻米大小约为 1.65 平方米，四张半即 7.43 平方米，实际上略小于 10 平方英尺（9.29 平方米）。

15 原诗为藤原定家所作和歌"見渡せば花ももみぢもなかりけり 浦のとまやの秋の夕暮れ"，收录于《新古今和歌集》。

16 原诗为"夕月夜海すこしある木の間かな"，相传为连歌师宗长所作。

17 日本茶釜的内底贴有薄薄的铁片,唤作"鸣金",当茶水滚沸时,釜底和铁片之间的细小缝隙中会产生气泡，从而发出声响。

18 日本固有的民族信仰，本土宗教。崇拜自然和祖先，信仰泛神论，认为万物有灵，自然与神是一体的。

19 伊势神宫位于日本三重县伊势市，里面供奉着日本的太阳女神天照大神。

20 原文为"beautifies them with the subtle light of its refinement"，"refinement"原意为"优雅、高雅"，译者在比较多个日文译本之后，决定采用浅野晃版本的翻译，使用"风雅"一词。"风雅"在日本古典文学中代表着高雅、风流的精神意趣，也指诗文、书画等文雅艺术。

21 此处原文为"Northern Buddhism with its worship of a trinity"，"trinity"可能是指阿弥陀三尊，又称西方三圣。阿弥陀佛为主尊，左右胁侍分别为观世音菩萨和大势至菩萨。

22　盛放备用饮用水的罐子。

23　盛放茶粉的漆器罐子，形状类似枣。

24　该木材大多有一定曲度或带有自然肌理。

25　德川幕府建立之后，进一步加强封建等级制度，人们的活动、
观念被严格控制在所属的阶级范围内，不可逾越阶级与身份。

26　大名，江户时代，俸禄在一万石以上，拥有自己的领地，且
直接听命于将军。有点类似于中国的"诸侯"。

第五章

艺术鉴赏

诸位有否听过一个道家的故事，名为"伯牙驯琴"[1]？

曩者有一梧桐古木，巍巍乎立于龙门峡谷中，堪为山林之王。高仰其首与星辰谈笑，蜿蜒其根于地底旋回。其盘根错节处，色泽如青铜，直与地下酣睡之银龙纠缠盘绕。适逢一道士，神通广大，斫木以为琴，其音袅袅然妙绝。然此琴生性桀骜，必得这世间无双之圣手，才可将其驯服。年复一年，皇帝秘藏此宝于宫中，使乐师轮番演奏，然弦上曲调皆未尝中音。乐师虽勉力操琴，琴音但如杂音灌耳，声声仿若嗤笑。以其欲奏之曲，俱非绝妙，故不堪为琴之主人。

遂逢一琴圣，名曰伯牙，以其柔指轻抚此琴，微鸣其弦，如慰抚难驯之烈马。及其初调，吟天地自然，春秋冬夏，高山流水。古桐往昔之记忆，纷纷然尽皆醒转于胸中。春日甘甜之温风，又复于枝梢间嬉戏徐回；山川蓬勃之奔流，于壑谷间旋舞而下，向花蕾展颜。未几，仲夏虫鸣，百千齐作；微雨淅淅，杜鹃哀啼。此景此声，得非梦乎？又闻风驰虎啸，山谷和鸣，此为肃杀之秋声。夜惨淡，冷月寒光利如剑，残木衰草凝露霜。俄而冬雪濂濂，白鸟高飞。忽闻银雨打枝声，原是飞霰戏雪落纷纷。

众音将歇，伯牙易调，诉尽婉转相思意。地上森林迎风摇曳，宛如心怀恋慕之君子，悠悠荡荡，思之欲狂；空中浮云晶莹皎洁，仿若傲世独立之佳人，飘然而过，徒留云影纤纤拖曳于地，灰暗似有落寞之意。倏忽曲调一转，铮铮然如入战场，兵戈相撞，马蹄杂沓。于时也，风雪骤起于龙门，青龙乘电光以遨游，玉雪崩危山而震响。圣上龙颜大悦，垂询伯牙取胜之道。"禀陛下，"伯牙答曰，"众人欲鸣琴而不得，以其所奏为己，非琴。吾取调择音，但随琴之心意，不知孰为伯牙，孰为琴焉。"

　　这则故事淋漓尽致地揭示出艺术鉴赏的奥秘。旷世佳作，正是在人们优美纤细的心弦上奏响的交响乐。真正的艺术像是伯牙，你我即是龙门名琴。美以其灵妙之手，轻抚着唤醒我们神秘的心弦，令人随之震颤、共鸣。心灵与心灵倾谈，我们聆听无声之声，凝望无形大美。名匠圣手奏响了我们不曾耳闻的音符，于是那些尘封已久的记忆，又被赋予了新的意义，重新涌上心头。曾被恐惧扼住的希望，以及没有勇气承认的渴望，都身披崭新的荣耀傲然站立起来。我们的心灵就如同一块油画布，画家在此尽情泼洒他们的色彩。那颜料是我们涌动的情感，交错的明暗是我们欢悦的光、哀伤的影。杰作因我们而生，正如我们因杰作而重塑。

怀着同理之情，进行会心投契的精神交流，是为艺术鉴赏所必需。而实现这些的前提是双方相互礼让。艺术家知晓如何令作品传达思想的窍门，观者也须培养接收信息的得体姿态。茶道宗匠小堀远州，身为大名，却留下了这样一段至理之言："近观名画，应如恭迎君王。"意欲理解一幅杰作，必须姿态谦卑恭谨，哪怕只是一丝低语，也要屏息凝神以待。一位赫赫有名的宋代评论家曾颇为风趣地坦言道："昔年少，余盛赞画师，以吾爱其画；既长，耳目渐明，则不吝誉己，以吾能爱画师之欲我所爱。"而今，能煞费功夫深究匠人之苦心者甚少，这着实令人惋惜。只因我们固执无知，拒绝给予这举手之劳的回礼，故而时常错过近在眼前的美之盛宴。名匠固有珍馐佳肴可供享用，我等却因无力赏鉴，以致腹中饥渴空虚。

对于能够感同身受、将心比心的人，杰作就是无比生动的真实，他们能从中感受到挚友般的情谊，从而拥有深深的羁绊。大师永生不朽，因其深情与畏惧可在人们心中一次又一次地重生。所以真正动人的，是灵魂而非手腕，是血肉人性而非外在技巧。艺术作品的呼唤越是具有人性的温度，我们的回应就越是深沉热切。正是因为艺术家与观者之间这种不为人知的默契，我们才能与诗歌传奇中的男女主人公共患难、同欢喜。日本的莎士比亚——近松[2]，认为戏剧创作的首要准则之一，就是向观众透露剧作者的秘密。当时，有几个弟子呈上自己的剧本，想求得师傅的认可，但只有一篇打动了近松的心。这篇戏剧有点类似于《错误的喜剧》[3]，讲述了一对孪生兄弟因总被误认而倍感苦恼的故事。近松说道："唯有这篇，体现了戏剧的真精神。作者细心考虑到了观众的心思，允许他们知道的比演员更多。正因为观众清楚其中因果，清楚错的是谁，故而才会对台上那些在浑然不觉中奔向命运洪流的可怜角色，饱含深深的怜悯。"

无论是东方还是西方，艺术大师从不会忘记"暗示"的重要性，他们借此向观者袒露自己的内心。当凝望着瑰丽杰作，那浩瀚无垠而又连绵不绝的想象和思绪就这样展露在我们心上，试问谁人能不满怀虔敬？伟大的作品是如此平易近人，可与我们推心置腹，反观现代的作品，它们是多么地冷漠和平庸！对于前者，我们感受到的是从一颗有血有肉的心中喷涌而出的暖流。而在后者身上，却只能感受到例行公事般的行礼。现代作者一门心思卖弄技巧，极少能够超越自我的局限。就如同那些乐师，费尽功夫想要唤醒龙门古琴却终是徒然，因为他们只会吟唱自己。他们的作品也许更合乎科学，却与人文精神相去甚远。日本有句老话：切勿爱上徒有其表的男子。因为这样的人，心里没有一丝缝隙可以容许爱情进入和填满。而在艺术上，无论是作为艺术家还是公众，徒重表面对于"共情"的打击无疑是致命的。

再没有什么，能比艺术上心意相通的两个灵魂水乳交融更神圣的了。在灵魂相遇的瞬间，热爱艺术的人超越了自我，他明明就在那里，却好像不存在了。于刹那间瞥见了永恒，他哑然无声，因为言语根本无法表达他的狂喜，只恨眼睛没有喉舌。他的心灵摆脱了物质的桎梏，随着万物的节奏自由律动。由是艺术渐渐与宗教亲近，使人性纯美高贵。也正因如此，伟大的艺术往往显得神圣而令人敬畏。古代日本人对于名家作品往往都视若珍宝，怀有极其强烈的崇敬之心。茶人收藏他们的宝物，就好似守护宗教秘密一般。你得一层又一层地打开无数个箱子之后，才能抵达放置宝物的神殿——丝绢，圣洁的神物就躺在它轻柔的包裹当中。这些宝物一般秘不示人，只有特定的秘传者[4]才能一睹真容。

在茶道鼎盛的时代，太阁麾下的将军若是得了胜，与其赏赐他们大片领土，倒不如奉上一件名画珍品更能讨得他们的欢心。有很多深受欢迎的剧作，都是取材于旷世名作被不幸遗失，抑或是失而复得的故事。譬如在一部戏[5]里，细川侯在其宫殿里秘密收藏了雪村的名画——《达摩像》。然而由于守卫武士的疏忽，宫殿燃起了大火。武士下定决心，拼死也要护住这件珍宝，他飞奔进燃烧的宫殿，一把抓住了画轴，却发现所有的出口都已经被烈焰包围。一心想保住此画的武士，用佩刀划开自己的血肉，并撕下袖子包好画轴，将它塞进裂开的伤口中。终于，大火熄灭了，在冒着残烟的废墟中，人们找到一具面目全非的尸体。那幅名画就藏在尸体里，并未因大火而损伤一分一毫。虽然这故事听起来令人毛骨悚然，但它将一位值得信赖的武士的忠诚，尤其是将我们对艺术品的珍视，体现得淋漓尽致。

然而必须切记的是，只有在和人的交流中，艺术的价值才能得以彰显。若我们的同理心是普遍相通的，那么艺术语言就能超越界限，纵横无碍。可是我们天资有限，再加上传统和习惯的局限以及遗传的本能，这些都限制了我们享受艺术的能力和范围。在某种意义上来说，正是我们的个性，限制了自己的理解能力。而我们的审美人格，总是倾向于在过去的创作中寻找与自己相似的事物。毋庸置疑，艺术欣赏的品位可以通过培养而不断延展、深化，于是，我们渐渐能欣赏很多迄今为止未能理解的美的表达。可归根结底，我们不过是在芸芸万物中凝视自己的身影——因为每个人所特有的气质禀性，决定了他们看待世界的方式。茶人们所收藏的，也只是一些完全符合他们个人审美标准的物件罢了。

至此，让人不由得联想起小堀远州的故事。远州在遴选藏品时，展露出令人惊叹的品位，他的弟子们因此奉承道："这里的每一件藏品都如此惊艳，简直让人拍案叫绝。师父，您的品位已经胜过了千利休，毕竟一千人中才只一人能欣赏他的藏品呀。"听罢此言，远州叹息道："如此只能说明我不过是个凡夫俗子。伟哉千利休，敢于跟随本心，只钟爱自己真正所爱之物。而我却在不知不觉中迎合了众人的趣味。千利休才当真是那千里挑一的茶道宗师啊。"

可叹的是，当今世人对于艺术的狂热，大多只是浮于表面，并未建立在用心感受的基础之上。在这个民主主义盛行的时代，世人追捧的即为珍宝，人们为此争吵叫嚣，从不静下心来聆听自己的感受。他们追求的是最值钱的，而非最典雅的；是最流行的，而非最精致的。普通民众虽说看起来十分仰慕早期意大利，或是足利将军时代[6]的巨匠们，但实际上，比起这些，很显然工业革命的高贵产物——那些画有花花绿绿插图的大众期刊，更能迅速满足他们的审美趣味。对于大众而言，艺术家的名头，要远远比其作品的质量来得重要。正如数百年前一位中国评论家所感叹的：世人皆以耳观画[7]。如今我们不管身在何处，都能碰见"伪古典之祸"，赝品劣作横行街巷，以次品充经典。这些其实都要"归功于"真正的鉴赏力的缺失。

除此以外，人们还常犯一个错误，就是将艺术与考古混为一谈。面对古老的事物，油然而生敬畏尊崇之情，这是人类最值得赞赏的天性之一，我们也非常乐意涵养它，令其发扬光大。古代艺术家为启蒙来者开辟道路，这的确值得称颂。他们历经千百年的批评赏鉴仍能毫发无伤，其声名传承至当代，来到我们面前时依旧身披荣耀，仅凭这一事实，就足以令人心怀敬意。但若我们仅凭艺术家所处年代的久远与否来判断其成就，那便真是愚不可及了。可是，我们往往默许自己的历史同情心凌驾于审美眼光之上，只要一位艺术家合了眼，安详地躺在他的棺木里，人们便会奉上赞美的鲜花。随着十九世纪"进化论"的盛行，人们日渐迷失在"种群"的概念里，而丢失了作为个体的眼力和思想。收藏家苦心孤诣，只是为了收集那些可以阐明某一时期或某一流派的样品。他们忘记了，即便是成千上万件某一时期、流派的二流作品，也比不得一件大师佳作更能让人受益良多。我们过于重视分门别类，也过于忽视了纯粹地去享受美。为了所谓的"科学展示法"而牺牲独具美感的展览方式，是现今很多博物馆的通病。

无论处在人生中哪一个重要的环节，都不可忽视当代艺术的诉求。今天的艺术，才是真正属于你我的艺术——它就是我们自己的缩影，谴责它就是谴责我们自己。人们总说，当今之世，已然没有了真艺术。可这到底是谁的责任呢？我们对古人倾注了莫大的热情，却对自身中存在的可能性漠不关心，对此我们难道不该感到羞愧万分吗？奋力鏖战的艺术家们，以及在嘲讽轻蔑的阴影中逡巡着的疲惫灵魂们！在这个以自我为中心的时代，我们又给予了他们多少鼓励呢？若是过去的人看到这些，他们大概会怜悯我们文明的匮乏；而将来的人，也一定会回过头来嘲笑我们艺术的贫瘠吧！我们正在一点一点地摧毁生活中的美好，亦同时摧毁着艺术。但愿能出现一位伟大的魔法师，从社会这一巨大的树干中，造出一把举世无双的神妙之琴，让那琴弦在天才圣手的轻抚之下，回荡出动人心魄的乐声。

注 释

1 出处不明。《列子·汤问》中记载了伯牙绝弦的典故，但与此处的故事不同。明代何景明有《说琴》一文，里面出现了桐生于谷、琴无法奏响等类似的情节，但两者在整体上也不尽相同。

2 近松门左卫门（1653–1724），日本江户时代著名的歌舞伎、净琉璃剧作家，擅长描绘人情世故的纠葛。代表作有《殉情曾根崎》《国姓爷会战》等。

3 莎士比亚的喜剧作品，首版于 1623 年，取材于古罗马喜剧作家普劳图斯的《孪生兄弟》。

4 日本古代对于学问典籍、技艺、宝物等实行"秘传"制度，只有特定的人（秘传者）才能观看或被传授。譬如著名的"古今传授"，即《古今和歌集》的注解为代代秘密传授，不公开为世人所知。

5 即《细川血达摩》，故事中收藏《达摩像》的细川侯为细川纲利，武士名叫大川友右卫门。

6 即由足利氏掌权的室町时代（1336–1573）。

7 此处或指北宋沈括（1031–1095）的"耳鉴"之说。沈括在《梦溪笔谈》（卷十七·书画）中写道："藏书画者，多取空名。偶传为钟、王、顾、陆之笔，见者争售，此所谓'耳鉴'。"

第六章

茶花之美

春日的拂晓，在微微颤抖的灰暗光线中，树木间的鸟儿正以神秘的调子啾啾私语。你会不会觉得，它们是在与身边的同伴谈论美丽的鲜花呢？对于人类来说，赏花与书写情诗的确是一起诞生的。不知己美故而更加甜美，无言静默故而芳香袭人，有什么能比用花儿来比喻那徐徐舒展的处女心灵更为贴切？把第一只花环献给自己所爱恋的少女，那一刻，原始时代的男人便摆脱了兽性。他超越了天性中原始粗野的需求，成为了一个人。而当真正认识到无用之物的妙用时，他便踏入了艺术的国度。

无论喜悦还是悲伤，花儿都是我们永远的朋友。人们进餐、痛饮、高歌、欢舞，乃至示爱调情，哪一件事都少不了鲜花。我们在鲜花的簇拥下举行婚礼、接受洗礼，甚至没有花儿的陪伴就无法走得安详。人们捧着百合礼拜，伴着莲花冥想，以玫瑰、菊花为帜排兵布阵、攻城略地[1]，甚至试着以花语攀谈交流。我们的身畔，怎可缺少花的陪伴？难以想象，若这世界从此再也看不到鲜花，将是一件多么可怕的事情。枕畔的鲜花，给予了病痛之人多少慰藉，也为深陷黑暗的疲惫灵魂带来了多么明亮的喜悦之光！花儿纯净澄澈的温柔，能够重新点燃我们对世界日渐丧失的信心，就如同目不转睛地凝视一个漂亮的婴儿，可以再度唤回丢失的希望。当我们委身于尘土，在地底长眠，是谁满怀哀伤，徘徊留恋于我们的墓旁？依旧是花儿啊。

可悲的是，我们即便终日与花为友，也仍然无法脱离兽性，这是一个永远也掩盖不了的事实。一旦划开羊皮，那藏身于我们内心的狼，就会立即露出它的尖牙。有道是，人十岁为禽兽，二十为狂人，三十而落败，四十则行骗，五十成罪人。人之所以会变成罪人，也许正是因为那无法遏止的野兽本性。一切皆为虚假，只有饥饿才是真实；万物皆为卑劣，唯有欲望才最神圣。一座又一座神殿坍塌在我们眼前，唯有一处祭坛屹立不倒，上面焚香供奉着至高无上的神明——我们自己。这神明是如此英明雄伟，金钱就是它的先知！世人践踏自然用以向它献祭，吹嘘自己征服了物质，殊不知是物质征服了我们，我们才是物质的奴隶。以文明高雅之名，行暴虐无道之事，试问还有什么暴行是我们未曾犯过的？

温柔的花朵啊，宛如星星的泪珠，一簇簇地立在花园里，向着为露珠和阳光歌唱的蜜蜂点头致意。花儿啊，你们可有察觉，前方等待你们的是何种可怕的命运？且趁着这温柔的夏风，继续沉浸在美梦里，尽情地摇曳、嬉戏吧！待到明日，一双无情之手就会紧紧扼住你们的咽喉。你们猛地被扭断，手脚四肢被一块块撕开，最后被带离自己宁静的家园。

这名暴徒，也许是一位偶然经过的美人，她口中赞美你"多么可爱啊"，手指上却还沾染着你们的鲜血。告诉我，这难道称得上是良善？你们最终的命运，不是被幽禁在冷酷无情之人的发梢，就是被插在女人衣服的扣眼里，若你是男人，她便不敢直视你的眼睛。抑或是被禁锢于某只窄小的花瓶里，靠着拼命吮吸那一点死水，来平息暗示生命落潮的疯狂饥渴。

花儿啊，你们若身在皇家庭园，定会遇上一个可怕的怪人。这人浑身配备着剪刀和小锯子，自称是"花艺宗师"。他声称要行使医生的权力，而花儿你将会本能地非常讨厌他。因为你清楚，医生总是不遗余力地延长他手中那些"牺牲品"的苦痛。他又是修剪，又是弯折，把你蜷曲成让人瞠目结舌的姿势，他却认定这就是花儿应有的姿态。他俨然一位接骨医师，令你肌肉扭曲，骨节错位。为了止血，用烧红的煤炭把你烫焦；为了促进血液循环，将金属丝扎进你的血肉之中。他还喂你吃盐、醋、明矾，有时甚至是硫酸，直到折腾得你奄奄一息之际，便在你脚下浇滚烫的开水。这位"宗师"自鸣得意得很，吹嘘说正是托他出手医治的福，花儿的寿命又被延长了至少两个星期。花儿啊，你是否宁愿自己一开始落入敌手时就被杀死，如此反倒更痛快些！前世的你究竟犯下了什么不可饶恕的罪孽，今生才理所当然地遭受此番折磨？

西方社会肆无忌惮地浪费起鲜花来，要比东方花道师可怕得多。在欧洲和美国，每天都要剪掉成千上万的鲜花，用以装饰舞会大厅和宴会餐桌，又在次日将它们丢弃。若把这些花串联起来，恐怕能做成巨大的花环环绕一整片大洲。这些人完全不把生命当一回事，与之相比，花道师的罪过简直微不足道。后者至少能尊重自然经济，选择自己的"牺牲者"时深思熟虑，且在它们香消玉殒之后亦能对其尸骸怀有敬意。在西方，展示鲜花似乎也是一种变相的炫耀富有——因它只是为了满足主人一时的欣赏兴致。当狂欢与喧嚣消散之后，这些花儿又将何去何从呢？眼见枯萎凋零的花朵，终被无情地丢弃于粪堆，这大概是世上最悲凉的场景了吧。

　　花儿既生得这般美丽，为何命运会待它如此凉薄？虫蚁尚能蜇人，即便是性情最为温驯的野兽，若是被穷追不舍，也会选择背水一战。因一身华美的羽毛能够装饰帽子而遭到追击的鸟儿，它能飞翔着逃离猎人的魔掌；因一身温暖的毛皮能够制成大衣而使人类垂涎欲滴的动物，它也能在生人接近时，悄无声息地躲避。唉！唯一拥有翅膀的花儿只有蝴蝶，其他的花，只能无助地站在杀戮者面前束手就擒。即便它们深陷垂死的痛苦，挣扎着发出惨烈的叫声，也无法传到我们冷酷无情的耳朵里。对于那些默默的爱和付出，人永远都是如此地残忍和无动于衷。迟早有一天，人类也会遭到报应，为这些最亲密的朋友所抛弃。诸位难道没有发现，野生的鲜花正在逐年变少吗？或许花儿中的智者已经警告过同伴，在人变得真正像个人之前，必须远离他们。又或许，它们已然搬去了天堂。

对那些培育植物之人，怎么帮他们说话都不为过。手捧花盆者，要比手执剪刀者有人情味得多。看着他们为了阳光和雨水而担忧，同寄生虫奋勇搏斗，在寒霜降临时担惊受怕，在植物发芽迟缓时忧虑焦心，在绿叶终于绽放光泽时手舞足蹈……我们也不由得会心一笑。在东方，花卉栽培艺术有着悠久的历史。诗人对花草的钟爱，以及他们爱不释手的花草的名称，常常被写进诗歌、逸事，流传至今。唐宋时期，陶瓷制作工艺获得了空前的发展，据说人们造出精美绝伦的容器来盛放花草——称其为花盆已经不合适了，简直就是镶金砌玉的宫殿。每一株花草，都会安排一位专门的随侍来打理，他们用兔毛制成的柔软刷子，仔细梳洗花儿的嫩叶。据记载，雍容的牡丹需由一位盛装打扮的俏丽侍女来沐浴，而寒梅，则宜一名肤色苍白、身形瘦削的僧侣来浇水[2]。日本能乐中最为脍炙人口的一部，是创作于足利时代的《盆栽》[3]。它取材于这样一个故事：在一个天寒地冻的冬夜，穷愁潦倒的武士实在没有柴火生火，便砍下了他心爱的盆栽来招待一位云游四海的僧人。

其实，这名僧人不是别人，正是北条时赖[4]——日本传说中的哈伦·拉希德[5]。当然，此番牺牲也得到了应有的回报。直至今日，这出剧目依旧能让东京的观众们潸然落泪。

古人为了保护娇贵的花朵，真可谓煞费苦心。唐朝的玄宗皇帝，曾在宫中花园的树枝上悬挂金色小铃来驱赶鸟儿。也还是这位皇帝，在春日里让自己的御用乐师随行，以轻柔的乐音取悦花儿。在日本的一座寺庙中，至今还保存着一枚古怪的告示牌，相传是日本的亚瑟王——英雄源义经[6]亲笔所写。之所以将这告示牌竖立于此，是为保护一株风姿绰约的梅花。它惹人注目之处，是字里行间弥漫着战乱时期特有的冷酷幽默。在谈及梅花的优美姿态之后，它紧接着写道："擅伐此木者，伐一枝可剪一指。"[7]若现代人胆敢肆意蹂躏鲜花，糟蹋艺术品，但愿也能施行这样的严刑峻法来好好惩治他们！

即便是养育盆栽，也让人不禁怀疑这是出于人类的自私自利。为何要把植物带离自己的家园，强迫它们在全然陌生的环境里欣然绽放？这和把鸟儿囚禁于笼中，还迫使它们歌唱、交配有何区别？有谁知道，那温室里的兰花，因为人工制造的暖气而受闷窒息，它们在绝望之中渴望着，唯愿能再看一眼南方家乡的天空！

对于花儿来说，最理想的爱慕者，是能寻至它们自然生息的地方探望拜访之人。譬如闲坐于残破的竹篱前，与野菊对语的陶渊明；抑或是闲步于黄昏的西湖畔，于暗香浮动的梅花间悠然忘我的林和靖。又闻周茂叔曾卧眠于小舟之上，如此便可与莲花共绮梦。也正是这样的情思，打动了我们奈良时代最负盛名的统治者——光明皇后 [8]。她吟咏道："采花献浮屠，清香近手便沾污。莫若由她生，亭亭袅袅立草野，以此奉拜三世佛。" [9]

话虽如此，我们倒也不必太过感伤。唯愿人能少行奢侈事，常怀宽大心。老子云："天地不仁。" 弘法大师亦有言："生，生，生，生，生之潮水恒涌向前。死，死，死，死，死之暗流终至眼前。"[10] 我们无论身在何处，都要面对"毁灭"，抬头低头，前行转身，皆能见到"毁灭"的踪迹。这世上唯有"变"才是永恒。既然如此，为何不能悦纳死亡一如欢庆新生呢？生与死本就是相伴相生的两面，就如同"梵"[11] 的昼与夜。正是因为陈旧腐朽的土崩瓦解，才换来了再造和新生。我们曾以各式各样的名义膜拜冷酷的慈悲女神——"死亡"。她是拜火教徒于烈焰中迎来的"吞天噬地"的暗影，是日本神道至今仍伏身稽首跪拜着的、玉洁冰清的剑魂。神秘的火焰烧尽人类的缺陷，神圣的刀剑斩尽欲望的枷锁。从我们的灰烬中，天界之希望、不死的凤凰冲天腾飞，在断离了烦恼的无限自由中，人类的精神获得了更高的觉醒。

若是毁掉花儿，就能发展出一种崭新的形式，可以令世人的思想更加高尚，那么何乐而不为呢？我们从头至尾所做的，不过就是要求花儿牺牲自己，来促成我们对美的献身。世人将自己奉献给纯净与简素，大概就是在为自己的所为赎罪吧！而茶道宗师创立花道仪式，其中缘由正在于此。

若熟知日本茶道、花道大师的艺术手法，就一定会发现，大师对待花儿时总是心怀宗教般的虔诚。他们绝不会胡折乱剪，而是循着自己脑海中的艺术构思，以其火眼金睛仔细挑选每一枝每一节。若不小心剪下了不必要的花枝，哪怕只是多出了一星半点，也会令其羞愧难当。同样，只要有绿叶，就算只有一片，他们也会留它与花儿生在一起，不再多做修剪，因为他们创作的目标，就是完整呈现植物的生命之美。这一点，与其他诸多方面一样，日本的做法与西方国家之追求也可谓截然不同。在那里最常见的就是，花朵没有躯干四肢，只剩一个光溜溜的花梗，即头部，就这般被杂乱无章地插在花瓶当中。

当茶人尽情挥洒一番，终于对自己的插花作品感到心满意足之时，便会将花儿放置在"床间"——和式房间内最为尊贵的地方。除非是那些可以与鲜花一起搭配、营造出独特美感的物品，否则花旁边不可置一物，哪怕是一幅画也不行，以免破坏花儿所在空间的氛围。花儿在那里静静地休憩，俨然一位登上了王座的皇子，进入房间的一众宾客与弟子须先向其深深鞠躬行礼，之后才开始和主人攀谈。大师的插花杰作被制成了画集出版，以供业余爱好者参考学习。有关插花的文献更是浩如烟海。当鲜花枯萎，宗师们便轻柔地将它付诸流水，抑或是小心翼翼地用泥土掩埋。有时甚至还会为其立碑以作纪念。

据说花道诞生的时间与茶道相同，都是十五世纪。传说中，早期的佛教圣者见花朵在狂风中四散飘零，便把它们一一拾将起来。出于对世间生灵的无尽仁慈，圣者将它们插入盛水的瓶子里，这便是插花的由来。相传，侍奉足利义政的伟大画家、鉴赏家相阿弥[12]熟知此道，为最早的花道师之一。他是茶道宗师珠光[13]的师父，也是池坊[14]的开创者专应之师。池坊在日本花道史上的崇高地位，堪比绘画史上的狩野派[15]。十六世纪后半叶，茶道仪式在千利休的手中臻于完善，同时插花艺术也发展到了一个高峰。千利休和他的后继者们——鼎鼎大名的织田有乐[16]、古田织部[17]、光悦[18]、小堀远州、片桐石州[19]等人争才斗艺，竞相创立新的插花方式。话虽如此，切记茶人对花的崇拜只不过是他们审美仪式的一个组成部分，并非独立的宗教。插花与其他放置在茶室里的艺术品一样，都须服务于整体的装饰布局。正因如此，石州才立下规矩，庭院中若积有白雪，则不可用白梅。"吵闹"的花儿也被毫不留情地逐出了茶室。一位茶人的插花，一旦被移开了原定的位置，便立马失去了它的意义。因为为了与周遭的布置相映成趣，插花的线条与平衡都是特别花了心思的。

纯粹地崇拜花卉本身，要到十七世纪中叶花道宗师诞生以后。今天，花道已经从茶室中完全独立出来，除了花瓶的定式以外，再没有任何规则或束缚。插花技艺发展出了诸多新思想、新手法，又在此之上诞生了众多理念和流派。十九世纪中叶的一位文人曾扬言，说他能报出一百多个不同的花道流派。其实，这些流派从广义上可以分为两大类——形式派和写生派。形式派以池坊为首，与狩野派这一正统画派一样，它追求的是古典的理想主义精神。从现存的池坊早期的大师作品记录中能够看出，他们的插花几乎就是原封不动地复制了山雪[20]、常信[21]的花卉画。而写生派——顾名思义，以自然为描摹对象。这一派系在创作时，只对花卉进行形式上的微调，以更加凸显和谐的美感。因此，我们常常能从他们的作品中，感受到与浮世绘、四条派[22]绘画相似的情感涌动。

若时间上尚有余裕，能更加深入地走进这一花道大师百家争鸣的时代，了解他们立下的插花规矩和创作细节，以及其中所包含的基本理论，一定会十分有趣。这些理论主导了整个德川时代的装饰风格，包括最高原理（天）、从属原理（地）和协同原理（人）。无论是何种插花，一旦违背了这些原理，都会被认定为是毫无生趣的死物。此外，关于如何用花，以下三点的重要性也是一直被反复强调的，即"真、行、草"[23]。"真"是指盛装出席舞会的、高贵庄重的花儿，"行"是穿着午后长裙、慵懒雅致的花儿，最后的"草"则是指在闺房之中身着迷人便装的花儿。

相较于花道大师的作品，我们更易对茶人的花艺心生共鸣。后者之匠心在于其恰如其分的搭配和调整，并且真正同人们的生活紧密相连，故此才会深深地打动我们。为区别于之前所说的写生派和形式派，且称他们为"自然派"吧。茶人们坚信，他们的工作在遴选完花儿之后便结束了，接下来就该让它们登场去讲述自己的故事。若是在晚冬进入一间茶室，你会看到纤细婀娜的野山樱如浪花喷薄，旁边零星点缀着山茶花的蓓蕾。这是渐渐离去的冬日的回响，也是即将到来的春日的先声。同样，若是在恼人的盛夏受邀享用午间茶[24]，当你进入茶室时，映入眼帘的是幽暗清凉的床间，一枝百合静静地立在墙上悬挂的花瓶里。露水从它的花瓣上滴落，仿佛是百合在对人生的痴愚报以微笑。

一朵花的独奏已然妙趣横生，若再加上绘画、雕刻共演一曲协奏，那真可谓锦上添花了。石州曾将水草插入一只扁平的器皿，用以勾起对湖泊、沼泽植物的联想。他还将一幅相阿弥的画挂在了水草上方的墙壁上，画里是一群野鸭在空中飞翔。另一位茶人绍巴[25]，则以青铜香炉代替渔民的小屋和沙滩上的野花，并为此作了一首和歌，来吟咏大海的朴素静寂之美。一位客人曾这样写道，因这整间茶室的布置，身畔恍若轻轻拂动着晚秋的微风。

说起花的故事，真是三天三夜也讲不完，且再讲最后一个吧。十六世纪的日本，牵牛花尚不多见。而千利休将此花种满了整个庭院，对它们予以悉心照料，不敢有半丝懈怠。渐渐地，千利休家的牵牛花美名远播，传到了太阁丰臣秀吉的耳朵里。太阁因而说道，他很想亲眼欣赏欣赏这些花。于是，千利休便招待他到家里吃早茶。当天，太阁漫步在千利休家的庭院中，可是他连一朵牵牛花的影子都没见到。庭院的地面被耙得十分平整，还铺上了精致的鹅卵石，撒上了细腻的白砂。这位霸道的君主憋着一肚子火走进茶室，可他一抬头，看到眼前的景象，瞬间气就消了。只见床间内，放着一只精雕细刻的宋代青铜花瓶，一朵牵牛花傲然伫立在瓶子里——这才是整座花园的女王！

这些事例，让我们看到了花儿牺牲的全部意义。或许花儿自己也能够深深体会到这些意义。它们可不像人类这般胆小懦弱，有些花儿甚至以死为荣——就像日本的樱花，心甘情愿地将自己托付于东风，任由身心片片飘零。无论是谁，当他站在吉野或岚山上，瞧见那雪白紧簇的花团芳香馥郁，宛若玉雪崩山，他一定会深有此感。一时间，花儿恍若缀满彩石的白云翱翔于天空，在水晶般灿烂的溪流上翩翩起舞。少顷，它们乘着欢笑的水流扬帆远去，仿佛在说："再会了，春天！我们将启程，朝着'永恒'进发！"

注　释

1　此处原文为"We have charged in battle array with the rose and the chrysanthemum"，直译为"在玫瑰与菊花中排兵布阵"。提到玫瑰与战争的关联，最有名的是英格兰的内战"玫瑰战争"，交战双方分别以红玫瑰和白玫瑰为家徽。而菊花是日本天皇的家徽图案，代表忠勇、奉献。"二战"以前，日本陆军的步兵、骑兵团以及海军军舰的舰艇均悬挂菊花纹章。不知作者指的是不是这些。

2　出自明代袁宏道的《瓶史》。《瓶史·洗沐》有云："浴梅宜隐士，浴海棠宜韵致客，浴牡丹、芍药宜靓妆妙女。"

3　日本能乐剧目之一，作者不详。其中被武士烧掉的盆栽为梅、樱、松，后北条时赖报恩，赏给武士的三块领地分别就叫梅、樱、松。

4　北条时赖（1227–1263），镰仓幕府的第五代执政官。于1247年灭三浦一族，确立了北条氏的独裁统治。相传他关心民政，遍历各地视察民情，因而留下了《盆栽》的故事。

5　哈伦·拉希德（764–809），阿拉伯帝国阿巴斯王朝最著名的哈里发，也是《一千零一夜》中多个故事的主角。

6　源义经（1159–1189），平安时代著名的武将。幼名牛若丸、遮那王等。1184 年在一谷、屋岛和坛浦等地大破平家一族。后遭藤原泰衡袭击，于衣川馆自杀。《平治物语》《义经记》等小说对其悲剧的一生皆有所描绘。

7 这则告示牌竖立于日本神户附近的须磨寺里，但相传是出自武藏坊弁庆之手，其目的是保护光源氏所种下的"若木之樱"，即樱花，而非梅花。关于折枝的警告，告示牌上的原文如下："此花江南所无也，一枝于折盗之辈者，任天永红叶之例，伐一枝可剪一指。"

8 光明皇后（701－760），圣武天皇的皇后，擅长书法，笃信佛教，帮助天皇建立了东大寺。

9 《后撰和歌集》中记载了这首和歌，作者为僧正遍昭。原和歌为"折りつればたぶさにけがるたてながら三代の仏に花たてまつる"。

10 出自弘法大师空海（774－835）所著《秘藏宝钥》的序文："三界狂人不知狂，四生盲者不识盲。生生生生暗生始，死死死死冥死终。"原文与作者所述有细微差异。

11 "梵"是印度哲学的最高原理。印度人认为宇宙变化、四时运行、昼夜交替等都依循此原理。

12 相阿弥（？－1525），室町时代的画家、鉴赏家、连歌师、阿弥画派的集大成者。在园林建造、香道、茶道等多方面均有造诣。

13 即村田珠光（1422－1502），室町时代中期的茶人、僧人。日本"寂茶"（侘び茶）的创始人。

14 日本最古老的花道流派，创立于 15 世纪中叶，以池坊专庆为始祖。据《碧山日录》记载，专庆应武将佐佐木高秀之邀，将数十枝花草插入金瓶之中，此举名动京都，观者纷纷赞叹其妙。专庆之后，又有池坊专应（1482–1543）系统地整理立花之法，大大完善了插花理论。池坊至今仍是日本最大的花道流派。

15 日本绘画史上最大的画派。由室町幕府的御用画师狩野正信创立，在15至19世纪活跃了长达400年的时间，长期占据着日本画坛的中心。大到城池寺院的壁画，小到屏风扇面，都能见到狩野派的作品，对日本美术界影响深远。

16 即织田长益（1547–1622），号有乐、如庵，为织田信长同父异母的弟弟，江户时代初期的大名、茶人。师从千利休学习茶道，位列千利休十哲之一，后创立了茶道有乐流。

17 即古田重然（1544–1615），别名古田织部，江户时代初期的武将、大名、茶人、艺术家。千利休之徒，茶道织部流的开创者。主张"破调之美"，即将茶碗打碎后再重新拼接，以达到一种打破协调的美感。千利休死后，织部被称为"天下第一茶人"。后因被怀疑私通丰臣秀吉，剖腹自杀。

18 即本阿弥光悦（1558–1637），江户时代初期的书法家、陶艺家、莳绘师、茶人。为书法流派光悦流之祖，也是琳派绘画的创始人之一。在茶道上是古田织部的弟子。

19 即片桐贞昌（1605–1673），江户前期的大名、茶人。茶道石州流之始祖，世称片桐石州。

20 即狩野山雪（1590–1651），江户时代初期的狩野派画家。以强调垂直、水平等类似于几何学的构图法而闻名，画风奇特，颇具个性。代表作有《寒山拾得图》《长恨歌绘卷》《猿猴图》等。

21 即狩野常信（1636－1713），15 岁继承狩野派，后成为江户幕府的御用画师。画风在壮年时明快华丽，晚年逐渐变得温和细腻。代表作有《波涛花鸟图》《日莲圣人像》等。

22 江户时代后期兴盛的文人画派，因创立者松村吴春居住在京都四条东洞院而得名。四条派融合了写生画和文人画，风格既明快写实，又轻妙洒脱。

23 原文为"the Formal, the Semi-Formal, and the Informal"，直译为"正式的、半正式的、非正式的"，它们对应的是日本的艺术理念"真、行、草"。该理念由书法的楷书、行书、草书衍生而来，在俳谐、花道、绘画、茶道等多个艺术领域均发展出了其特有的意义。因为是面向西方人介绍，天心遂以西方的情景作比，来说明花道中"真、行、草"的含义。

24 日文为"昼のお茶"，为午餐之后饮用的茶。

25 即里村绍巴（1525－1602），日本室町时代末期著名的连歌师，也是千利休的弟子。

第七章

茶之宗匠

在宗教里，"未来"在我们身后；在艺术中，"此刻"即是永恒。而在茶人眼里，只有那些不断从艺术中汲取生命力、将艺术与生活融为一体的人，才是真正独具审美慧眼之人。因此，茶人一直竭力将茶室里对于风雅的高标准，应用到他们的日常生活当中：无论何时何地，都须保持内心的平和；言谈须有节制，不得损害周遭环境的和谐；衣裙的剪裁和色彩、身体的姿态、行走的礼仪，均是艺术人格的体现。千万不可小觑这些，因为一个人只有化身为美丽的事物，他才有接近美的权利。正因如此，茶道宗匠终身追求的，不是成为艺术家，而是超越艺术家的境界——成为艺术本身。这便是唯美主义的禅，只要我们愿意欣赏，处处皆是完美。正如千利休钟爱的古歌所言："皑皑山上雪，料峭崖间风。白雪千斤重，小芽卧还立。笑看待花人，此间有春意。"

不得不说，茶人对于艺术的贡献的确涉及方方面面。他们彻底革新了古典建筑和室内装潢，并且开创了一种全新的建筑风格。在"茶室"一章我已言及此事，十六世纪以后的宫殿、寺院，几乎都深受这一新风格的影响。譬如惊才绝艳的小堀远州，桂离宫[1]、名古屋城、二条城以及孤篷庵[2]，都是他天资卓绝的杰作。在日本，凡是声名赫赫的庭园，无一例外都出自茶人之手。再说瓷器，若非凝聚了茶人的灵感和心血，日本的陶瓷工艺绝不可能达到如此精进的地步。茶道仪式中茶器的制作，最大限度地激发了陶瓷匠人的聪明才智，但凡日本的陶瓷研究者，大概无人不知"远州七窑"[3]吧！除此以外，茶人还会设计织物的颜色和花纹，故而日本的许多织品都承袭了茶人之名⁴。事实上，只要是艺术领域，无一处不能见到茶道大师们的天才印迹。更不要说绘画和漆器了，茶人在此处的丰功伟绩根本毋庸赘述。日本画中最为杰出的一个流派⁵，正是创自茶道大师本阿弥光悦，他亦是赫赫有名的漆器、陶瓷匠人。在他的作品面前，即便是他的孙子光甫⁶、光甫的外甥光琳⁷以及乾山⁸那些绚烂夺目的佳作，也都会瞬间黯然失色。所谓的光琳派，实际上正是茶道的另一种表现形式。在画家粗犷的线条里，人们仿佛真切地看到了大自然内在的生命力。

茶道宗匠在艺术领域的影响固然是颇为深远的，然而同他们在生活处世上潜移默化的引导相比，还是小巫见大巫了。这不单单是说上流社会的习惯，人们对于家庭生活的安排，其间种种细节，也都能感受到茶道宗匠的存在。许多精致的菜肴和进餐方式⁹，都源自茶人的首创。他们还教导人须着颜色素净的衣物，走近花草时应怀一颗清正之心；他们强调人对于简素本能的热爱，晓人以谦恭逊让之美。事实上，正是由于茶道宗匠的教导，茶才真正进入平凡人的生活。

人生就是一片波涛汹涌的苦海，里面充斥着荒谬的闹剧和愚蠢的烦忧。人需要在这片苦海中恰当地调节、摆正自我的存在。而那些未能参透这一奥秘的人，虽然面上强作欢愉，仿佛心满意足，实则内心终日忧闷愁苦。我们摇摇晃晃，用尽全力试图保持内心的安定，却看到云朵在地平线上悠悠飘浮着，每一片都在预示暴风雨的来临。可是，大海那翻涌的怒涛啊，它们在风起云涌间滚滚向前，朝向永远。而喜悦与美丽，不在别处，就在这滚滚波涛之中。为何不深入到这精神里去呢？又或者，何妨如列子一般，索性乘上这烈风？

唯有生得绚烂，才能死得壮美。大师的最后一刻，也同他们的人生一样极尽风雅。茶人终身寻觅宇宙大道，欲与之调和共生，自然也早就做好了奔赴未知的觉悟。而"千利休将死之茶"，堪为悲剧崇高壮绝之巅峰，终将永世流传下去。

丰臣秀吉与千利休是相识已久的好友，这位伟大的武士对千利休亦是敬重万分。只是常言道，伴君如伴虎，与暴君为友，看似荣耀实则暗藏危机。这是一个充斥着背叛的时代，就连最为亲近的家人都不可轻易信任。而千利休又不屑奴颜婢膝、奉承谄媚，常常大胆顶撞他这位暴躁的庇护人。就在丰臣秀吉与千利休僵持不下之际，千利休的对头乘虚而入，造谣他参与密谋毒害君主。他们在丰臣秀吉的耳边吹风，说在为他准备的一碗绿色饮料里，千利休投下了致命的剧毒。在丰臣秀吉这里，但凡有一点嫌疑，就已足够被即刻处以死刑。人们只能顺从这位狂暴统治者的意志，因为任何辩解和恳求都是徒劳。而作为死刑犯，唯一能够享有的尊荣，是能亲手结束自己的生命。

在举刀自尽的那一日，千利休邀请了自己最看重的弟子来参加他的最后一场茶会。在沉痛的悲伤中,客人们于约定的时间相聚在玄关处。放眼望去,园中小径的树木瑟瑟战栗,树叶摩挲的沙沙声,仿佛无家可归的亡魂在喁喁低语。灰暗的石灯笼,恍若矗立在地狱大门前森严可畏的哨兵。忽然,一缕珍贵的熏香从茶室中悠然飘散,这是召唤客人入内的讯号。于是,人们鱼贯而入,静静地坐在自己的位置上。茶室的床间内挂有一幅卷轴,它出自一位古代僧人之手,笔力遒劲,精妙无双。卷轴上的文字,是在咏叹这尘世间万事万物的虚幻无常。而火炉上茶釜沸腾时的吟唱,听上去好似鸣蝉在倾吐夏日逝去的哀伤。未几,主人进入茶室,依次向每一位宾客奉茶,客人们也轮流默默地将茶饮尽,主人则最后喝茶。按照既定的礼数和惯例,此刻,为首的客人提出了请求,希望能有幸欣赏一番茶器。于是,千利休将各式各样的茶具一一摆放在宾客面前,包括那幅挂轴。对于眼前的器物之美,客人们均赞不绝口,艳羡之情溢于言表。而千利休将它们一一赠送给了与会之人以作纪念。他自己只留了一只碗。"此碗已为不幸者的口唇所玷污,不应再为世人所用。"言罢，他奋力一扔，将茶碗摔了个粉碎。

茶会已至尾声，客人们强忍泪水做最后的道别，而后便一个接一个离开了茶室。只有一位最亲近的人被留了下来，陪伴千利休走完最后的一程。千利休脱下茶服，小心珍重地叠好，放置在榻榻米上。如此，自始至终掩藏在内的无瑕白衣，便一下子露了出来。千利休满目柔和地凝视着手上致命的短剑，它锋利的剑刃正闪着寒光。他向着此剑，吟诵出此生绝唱。

来永生之宝剑兮，吾伏身以相迎。
斩尽三世佛，开汝人间道！[10]

微笑渐渐浮现在千利休的面容上，他终于出离此世，飞升往未知的净土了。

1 桂离宫位于京都市西京区，建于江户时代，为皇族八条宫家
的别邸，也是日本最古老的回游式庭园。

2 孤篷庵是日本禅宗的一派——临济宗的寺院，位于京都市北
区的紫野。庵号"孤篷"为小堀远州的号，意为一叶孤舟。

3 相传为小堀远州设计建造的七座瓷窑。据《陶器考》记载，
这七座分别为志户吕烧、膳所烧、朝日烧、赤肤烧、古曽部烧、
上野烧和高取烧。

4 如前文提到的茶人里村绍巴，他钟爱的包裹茶器的丝绸布，
便被后人称为"绍巴织"。

5 指琳派绘画。

6 即本阿弥光甫（1601—1682），号空中斋，本阿弥光悦之孙。
为江户时代前期的陶瓷艺术家、茶人、画师、刀剑鉴定师。

7 即尾形光琳（1658—1716），江户时代著名的画家、工艺家，
绘画风格明快雅致。擅长硕大的屏风装饰画，不仅如此，只
要是平面，纸、和服、木板、陶瓷器等都是光琳的挥毫作画
之处。

8 即尾形乾山（1663—1743），江户时代的陶工、画师，尾形光
琳的弟弟。与放荡不羁、喜好奢华的尾形光琳不同，乾山性

情沉稳,潜心学问,过着简朴的隐逸生活。代表作有《花笼图》《八桥图》等。

9　如怀石料理。

10　此处依据天心原文而译，千利休的原文是："人生七十，力围希咄。吾这宝剑，祖佛共杀。"

图书在版编目（CIP）数据

茶之书 /（日）冈仓天心著；陈笑薇译. -- 长沙：
岳麓书社, 2024.3

ISBN 978-7-5538-1745-3

Ⅰ. ①茶… Ⅱ. ①冈… ②陈… Ⅲ. ①茶道-日本 Ⅳ.
①TS971.21

中国版本图书馆CIP数据核字(2022)第242655号

CHA ZHI SHU

茶之书

作　　者　[日]冈仓天心
出 品 方　中南出版传媒集团股份有限公司
　　　　　上海浦睿文化传播有限公司
　　　　　上海市万航渡路888号15楼A（200042）
责任编辑　刘丽梅
书籍设计　苗倩

岳麓书社出版发行

地　　址　湖南省长沙市爱民路47号
直销电话　0731-88804152　0731-88885616
邮　　编　410006

2024年3月第1版第1次印刷

开　　本　880 mm × 1230 mm　1/32
印　　张　5
字　　数　67千字
书　　号　ISBN 978-7-5538-1745-3
定　　价　52.00元
承　　印　河北鹏润印刷有限公司

如有印装质量问题，请与印刷厂联系调换。联系电话：8621-60455819